FIAT 500

Marie-Claire Lauvray — Basil Le Fay

HEEL

HEEL Verlag GmbH
Gut Pottscheidt
53639 Königswinter
Telefon 0 22 23 / 92 30-0
Telefax 0 22 23 / 92 30 26
E-Mail: info@heel-verlag.de
Internet: www.heel-verlag.de

Verantwortlich für den Inhalt: Marie-Claire Lauvray, Basil Le Fay

Übersetzung des Originaltextes ins Deutsche: Dorko M. Rybiczka

Lektorat: Joachim Hack, Bad Honnef

Druck: EGEDSA, Spanien

Printed and bound in Spain

ISBN: 3-89880-009-1

FIAT 500

Marie-Claire Lauvray — Basil Le Fay

HEEL

Erfolg in Serie: Der Topolino

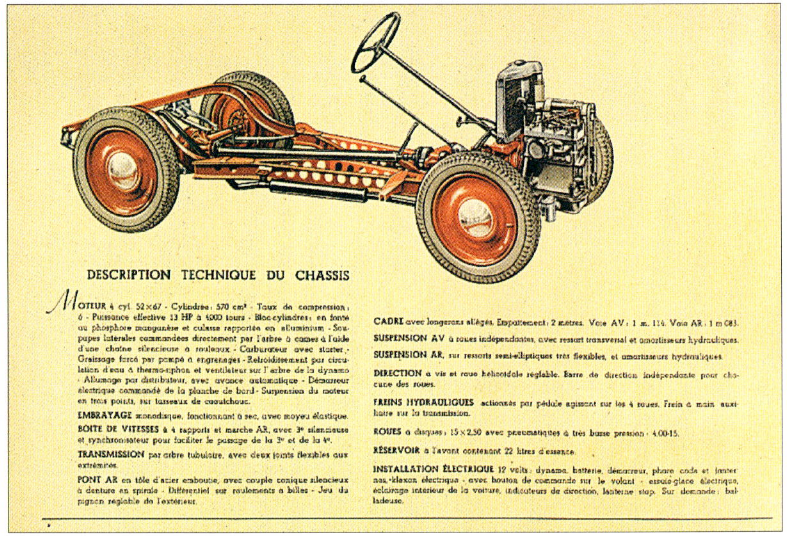

Wer über den Fiat 500 schreibt, der muss ganz einfach auch auf seinen berühmten Vorläufer, den Topolino, eingehen. Denn schließlich gehören sie zur gleichen Familie und folgen einer ähnlichen Logik; außerdem steht hinter beiden der selbe schöpferische Mann.
Gehen wir in der Zeit zurück in das Jahr 1934: das Fiat-Management denkt ernsthaft daran, die Massen zu mobilisieren, und der Chef, Senator Agnelli, will einen „günstigen Kleinwagen, der nicht mehr als 5000 Lire kostet" haben. Kurz, ein Auto, das in großer Serie hergestellt werden kann. Dieser Herausforderung stellt sich Dante Giacosa, ein junger, achtundzwanzigjähriger Ingenieur, der es übernimmt, Chassis und Motor des neuen Modells zu konstruieren.
Das ehrgeizige Projekt erhält den Codenamen Zero A: Zero nach einem wichtigen Modell der früheren Fiat-Geschichte, A für aviazione (Flugzeugbau), da der Entwurf von der Flugzeugabteilung ausgeführt wird.
In seinen Erinnerungen mit dem Titel „Meine vierzig Jahre bei Fiat" erinnert sich Dante Giacosa daran, dass das Projekt unter einem enormen Zeitdruck stand. Alle waren sich darüber klar, was hier auf dem Spiel stand. Fessia, der Chef der Flugmotorenabteilung, und Giacosa waren sich darüber einig, was sie nicht wollten, obwohl es im zeitgenössischen deutschen und französischen Kleinwagenbau damals hoch im Kurs stand – nämlich ein Dreirad oder ein Vierradfahrzeug mit Zweitaktmotor. Der neue Fiat sollte komfortabel sein, automobilwürdige Fahrleistungen bieten und gefällig geformt sein.
Die Wahl der Zylinderzahl war rasch getroffen: ein Zweizylinder-Viertakter sollte es sein, vorneliegend und die Hinterräder antreibend. Schwieriger war schon die Hubraumgröße. 20 PS wurden für notwendig erachtet, dabei sollte der Hubraum nicht 6 Steuer-PS übersteigen. Während Ingenieur Rodolfo Schaeffer an der Karosserie arbeitete, widmete sich Giacosa dem originellen Chassis-Entwurf, bei dem der Motor nach Flugzeugart hängend installiert war.

Vorhergehende Seite: links der 3,20 m kurze und 535 kg leichte Topolino im Profil, rund, aber elegant. Rechts eine Darstellung des Fahrgestells, von simpler und robuster Technik. Die Abbildungen stammen aus einem Prospekt von 1936.

Ein Kleinwagen mit Stil. Bei geöffnetem Rolldach ließ sich im Fond ein Kind unterbringen. Vom Topolino wurden insgesamt gut eine halbe Million Stück verkauft.

Auch der Motor bereitete Probleme: „Beim Zero A", berichtet Giacosa, „war zwischen Armaturenbrett und Vorderrädern zuwenig Platz für den Motor (.....). Nach einigen Versuchen schien es mir der beste Kompromiss zu sein, die Maschine vor der Vorderachse zu platzieren, so wie es heute bei einigen Fronttrieblern gemacht wird." Aus Platzgründen wurde die Bohrung auch auf 52 mm beschränkt; bei einem Hub von 67 mm ergab das einen Gesamthubraum von 569 cm^3. Der sehr einfach aufgebaute und sparsame Zweizylinder mit Wasserkühlung ging im September 1934 in die Erprobung.

Einen Monat darauf lief der erste Zero A, übrigens der erste Fiat ohne seitliche Trittbretter, im Straßenversuch und erreichte auf der Autostrada eine Spitze von gemessenen 82 km/h.
Der Zero A wurde als Fiat 500 am 15. Juni 1936 offiziell vorgestellt. Das kleinste echte Auto der Welt maß 3,20 in der Länge und wurde von 1936 bis 1955 in 519.646 Exemplaren hergestellt. Die Italiener nannten ihn liebevoll Topolino, das Mäuschen, die Franzosen kannten ihn als Simca 5 und die Engländer tauften ihn Little Mouse; aber das Mäuschen wurde zur Legende.

Ein Wagen für die ganze Welt

Anfang der fünfziger Jahre erholte sich Italien langsam von den Wunden des Zweiten Weltkrieges. Das Gebot der Stunde hieß Wiederaufbau, und jeder beteiligte sich nach seinen Möglichkeiten an ihm. Bei Fiat befanden sich mehr Projekte als jemals zuvor in der Entwicklung. Immer mehr Fahrzeuge liefen unter dem dynamischen Fiat-Chef Vittorio Vanetta von den Bändern und das Werk Mirafiori war damals die modernste Fabrik in Europa.

Trotz der schwierigen wirtschaftlichen Bedingungen glaubten die bescheidenen Italiener daran, dass die Zeiten des dolce vita noch vor ihnen lägen. Für den Augenblick begnügten sie sich mit ihren Motorrollern, die man zuhauf durch die Straßen rasen sah, oft mit zwei oder gar drei Personen bemannt. Aber alle träumten doch auch von einem richtigen Auto mit vier Rädern, das mehr Komfort bot, aber zugleich günstig bei Kauf und Unterhalt sein sollte.

Während die Entwicklung des 600 noch in den Anfängen steckt, widmet sich Fiat wiederum dem Entwurf eines übersparsamen Minimal-Autos, und wiederum treffen wir auf Dante Giacosa. Wir schreiben das Jahr 1953, und Giacosa orientiert sich bei seiner Arbeit stark an einem Entwurf der deutschen Karosseriefirma Weinsberg, die ja eng mit NSU-Fiat in Heilbronn liiert war. Bei Weinsberg werkelt Herr Bauhof an einem ähnlichen Projekt, einer Mischung aus Motorroller und Automobil: der Prototyp besitzt einen Zweizylinder-Zweitaktmotor von Ilo und wird nach Turin verfrachtet. Dort wird er aber als zu primitiv von der Direktion abgelehnt. Dennoch übernimmt Giacosa manches Detail dieses Prototyps für seinen eigenen Entwurf.

Das Team bemüht sich vor allem um geringes Gewicht, simple Konstruktion, günstigen Unterhalt, geringe Konstruktionskosten und auch darum, auf der im Lastenheft geforderten minimalen Grundfläche möglichst viel Raum für die Passagiere zu schaffen. Das Projekt erhält die Codenummer 110.

Gefällige Form

Wie Dante Giacosa in seinen Memoiren schreibt, galt sein Hauptaugenmerk von Beginn an dem Entwurf der Karosserie, sollte sie doch eine ge-

Zwei Aufnahmen des Prototyps 110-518 vom August 1954. Die Karosserie mit dem flach abfallenden Dach illustriert die Befürchtung des Managements, ein echter Viersitzer könne dem 600 unliebsame Konkurrenz machen.

fällige Form aufweisen. In den Konstruktionsbüros formen die Ingenieure Tonmodelle und versuchen nach Kräften, das Auto so klein wie möglich zu gestalten. Zwei Modelle kommen in die Endauswahl, das erste nicht unähnlich dem späteren 600, das zweite noch runder geformt. Das Management entscheidet sich, zur Zufriedenheit Giacosas, für seinen Entwurf, den zweiten. Nach der Festlegung der Karosserie findet am 18. Oktober 1954 eine Sitzung statt, auf der weitere Richtlinien für den neuen Wagen abgesteckt werden: Leistung 13 PS, Hubraum 480 cm3, Höchstgeschwindigkeit 85 km/h, Verbrauch 4,5 Liter und Leergewicht 370 Kilogramm. Zugleich verliert das Projekt die Codeziffer 110 und erhält die Bezeichnung 400.

Zweizylinder-Viertakter

Die Entscheidung für den Heckmotor – um Platz zu sparen – war heftig umstritten und bedingte eine umfangreiche Erprobung. Für Dante Gia-

Dante Giacosa, der Mann hinter den Fiat 500

Der Name Dante Giacosa ist untrennbar mit der Fiat-Geschichte verbunden. 1905 in Rom als Sohn piemontesischer Eltern geboren, schloss er 1927 am Turiner Polytechnikum ab und begann im Jahr darauf seine Berufslaufbahn bei dem Automobilwerk Spa, das kurz darauf dem Fiat-Imperium einverleibt wurde. Bald finden wir Giacosa in der Entwicklungsabteilung bei Fiat wieder, wo er sich vor allem um Militärfahrzeuge und Flugmotoren kümmerte. 1934 begann er die Arbeit am 500 Topolino. 1935 beschäftigte er sich, jetzt offiziell in der Automobilentwicklung beschäftigt, mit verschiedenen Projekten, darunter dem Fiat 700 – einem weiteren Kleinwagen für die Massen, der aber wegen des Krieges nicht in Serie ging. 1946 wurde er Direktor der Abteilung Automobilentwicklung und brachte von da an viele Projekte auf den Weg, vom Fiat 1400 bis zum Fiat 127, der 1971 herauskam; sein Werk waren auch der Nuova 500 und die Autobianchi, von der Primula bis zum A112. Er beendete seinen Berufsweg als Chef bei Autec, einer Fiat-Tochter.

Die Prospekte zur ersten Serie des Nuova 500 betonten, nicht zu Unrecht, das sparsame Wesen des kleinsten Autos der Welt. Günstig im Unterhalt, sparsam im Verbrauch...nicht gerade Argumente für einen Traumwagen.

cosa war völlig klar, dass es, aus Gründen der Einfachheit und der Sparsamkeit, ein Zweizylinder-Viertakter in Reihe mit Luftkühlung sein musste; die anderen, allen voran Ingenieur Bono, teilten diese Ansichten nicht zur Gänze. Der Entwurf des Motors wird Giovanni Torazza, einem Lancia-Veteranen, übertragen. Die ersten Erprobungen im Oktober 1954 ergaben unter anderem, dass von der Antriebseinheit starke Vibrationen auf die Karosserie übergingen. Daraufhin wird der Motor nicht mehr quer, sondern längs eingebaut. Verschiedene Motortypen laufen im Test: Nummer 2, ein Zweizylinder-Boxer; Nummer 3, ein Reihenzweizylinder mit hängenden Ventilen; Nummer 4, ein Reihenzweizylinder mit stehenden Ventilen. Anfang 1955 fiel die endgültige Entscheidung für den Reihenzweizylinder. Um dessen lästige Vibrationen zu beseitigen, verfiel man auf die Idee, den Motor elastisch zu lagern.

Fahrgestell und Radaufhängungen

Der zukünftige Fiat 500 übernimmt manche konstruktiven Details vom 600, darunter die Achskonstruktion. Vorne finden wir also eine Querblattfeder, darüber Dreieckslenker; hinten Schräglenker und Schraubenfedern. Die Stoßdämpfer wirken hydraulisch. Das Bremssystem verfügt über nur je einen Zylinder pro Rad, dafür sind die Trommeln

Der spektakuläre Serienanlauf. Trotz des großen Rolldaches bot die verstärkte Karosserie genügend Verwindungssteifheit. Hier rollen die ersten Trasformabile vom Band.

Nach einigen Jahren war der Fiat 500 als Statist in (fast) jedem italienischen Film zu sehen, besonders natürlich in Fellinis Roma. Anfangs hielten sich die Italiener gegenüber dem 500 zurück. Nichtsdestoweniger wurden die Qualitäten des Wagens allgemein anerkannt, besonders der stadtfreundliche Wendekreis von 8,6 Metern.

Unten ein schöner Sechsseiter, der das neue Auto detailliert vorstellt. Es handelt sich um den ersten Prospekt zum 500.

selbstnachstellend. Die Lenkung ist neu entwickelt und mit Schnecke und Segment ausgeführt.

Innovationen

Für das Motorgehäuse kommt eine Leichtmetall-Legierung zur Anwendung, das somit im Druckguss hergestellt werden kann; die Kurbelwelle ist nicht geschmiedet, sondern gegossen.

Eine wichtige Innovation stellt die Methode der Ölfilterung dar, die im Automobilbau selten Anwendung gefunden hat. Diese vollzieht sich wegen der geringen Abmessungen der Ölwanne nicht mittels eines Filters, sondern über einen Zentrifugal-Abscheider, der Verunreinigungen absondert und so Verstopfungen vorbeugt. Dieses ausgeklügelte System erspart dem Besitzer den Filterwechsel, dafür aber muss die Vorrichtung regelmäßig gesäubert werden. Demgegenüber greift man aus Kostengründen beim Getriebe wieder auf eine unsynchronisierte Ausführung zurück. Die Klauenschaltung bereitet so manchem Besitzer Kopfschmerzen, der das Doppelkuppeln nicht gewohnt ist. Insgesamt legt die Konstruktion größten Wert auf drei Eigenschaften: Wirtschaftlichkeit, Zuverlässigkeit und geringe Unterhaltskosten.

Ein Rudel entlaufener Haustiere...oder eine Jugendbande?

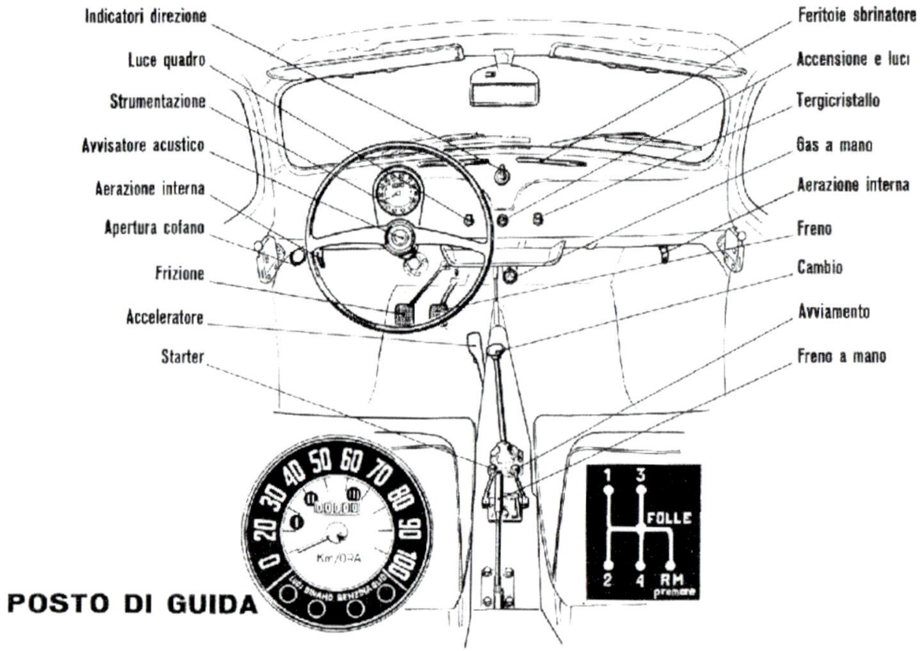

Das Armaturenbrett ist einfach gehalten, das Instrument gut ablesbar. Die Handbremse wirkte nicht wie im 600 auf das Getriebe, sondern auf die Hinterräder.

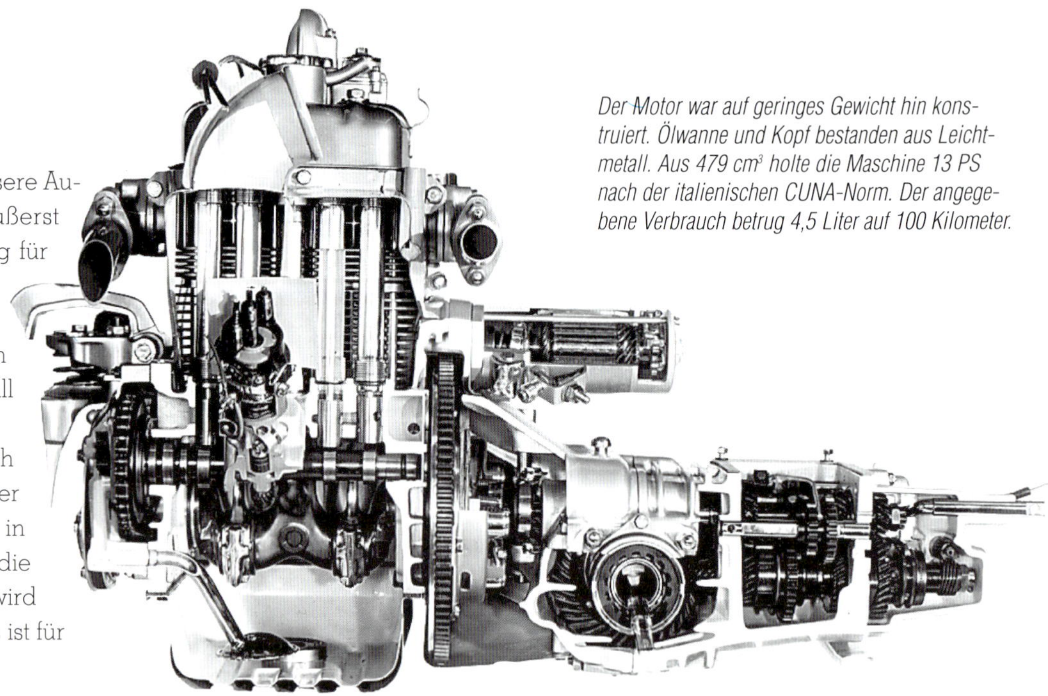

Der Motor war auf geringes Gewicht hin konstruiert. Ölwanne und Kopf bestanden aus Leichtmetall. Aus 479 cm³ holte die Maschine 13 PS nach der italienischen CUNA-Norm. Der angegebene Verbrauch betrug 4,5 Liter auf 100 Kilometer.

Harte Tests

Die Protoypen 110 und 110B (Kürzel für die luxuriösere Autobianchi-Ausführung) werden langen und äußerst gründlichen Testfahrten unterzogen und spulen Tag für Tag viele Hundert Kilometer ab, bei jedem Wetter und auf allen Arten von Straßen. Diese interessante Periode der Feinarbeit wird leider durch den Tod des Testfahrers Luigi Vertidello bei einem Unfall überschattet.

Parallel zur Feinarbeit an den Prototypen, die noch manche Änderungen bringen (zum Beispiel an der Motorhaube), wird die Serienfertigung vorbereitet; in der Fabrik werden die Montagebänder installiert, die ersten Materialvorräte beschafft. Für den Anfang wird der Tagesausstoß auf 50 Exemplare festgelegt. Alles ist für die Premiere vorbereitet.

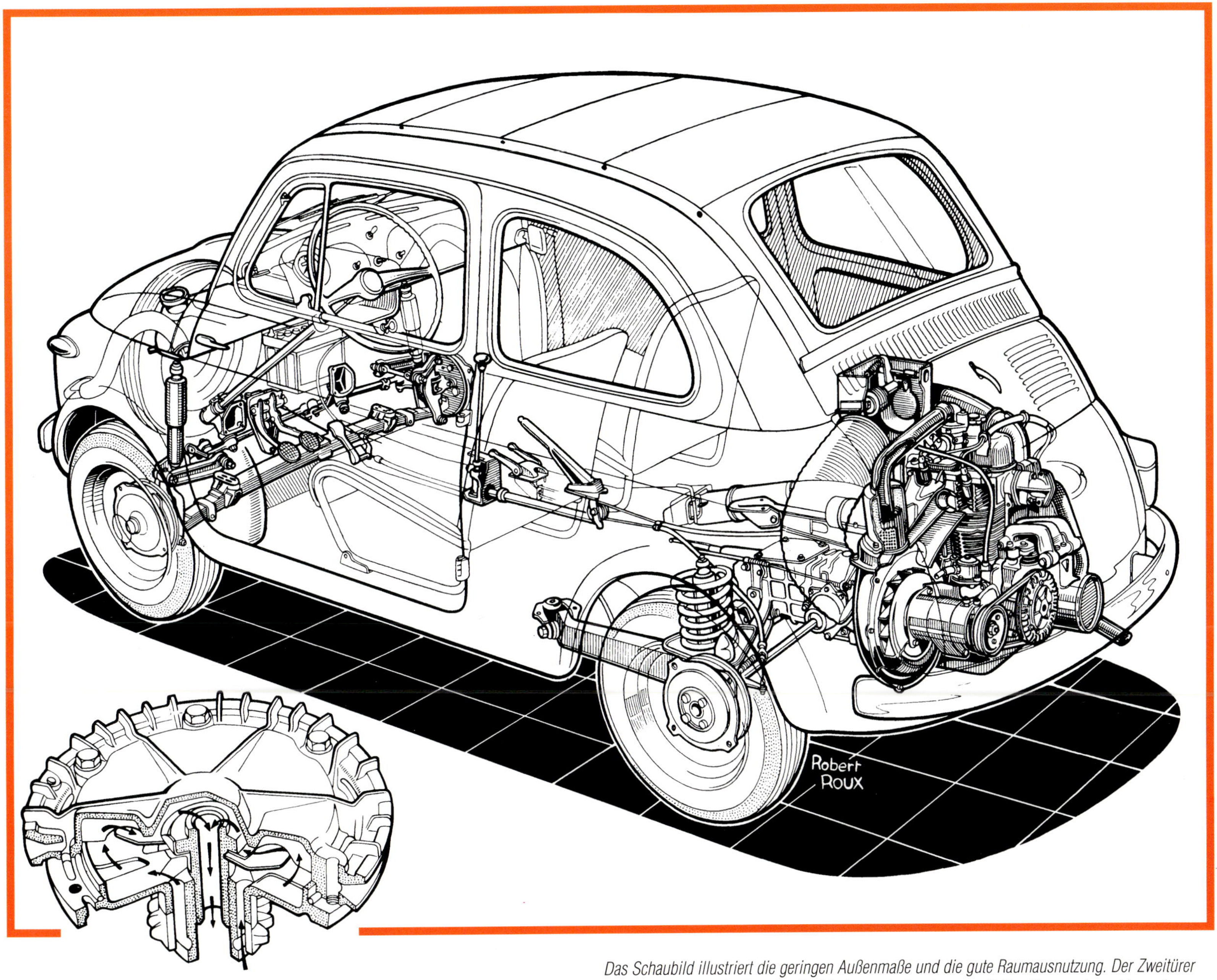

Das Schaubild illustriert die geringen Außenmaße und die gute Raumausnutzung. Der Zweitürer mit dem extrem weit öffnenden Rolldach war dank seiner verstärkten Karosserie recht verwindungssteif. In beladenem Zustand und mit gefülltem Kofferraum war die Gewichtsverteilung dank Heckmotor ausgesprochen günstig.

Auch fünffache Weltmeister zeigten sich am 500 durchaus interessiert...ist das nicht Herr Fangio?

Wer die Welt erobern will, der muss erst einmal am Zoll haltmachen. 1957 fragte sich die Presse, warum man sich für einen neuen 500 entscheiden solle, wo man doch für das gleiche Geld einen größeren Gebrauchten kaufen könne.

Mit allen Mitteln versuchte der 500, die Aufmerksamkeit auf sich zu lenken, hier im „Todesring" eines Vergnügungsparks. Natürlich waren es die Fliehkraft und das verkniffene Grinsen des Fahrers, die den Wagen daran hinderten, von der Wand zu tropfen.

Die englische Presse begutachtet den kleinen Italiener mit den Selbstmördertüren im Juli 1957 in Brands Hatch. Wie ihre kontinentalen Kollegen blieb den Journalisten nicht verborgen, welche große Rolle die Luft für den 500 spielte. Sie diente zur Kühlung des Motors, zur Herstellung eines explosionsfähigen Benzin-Luft-Gemisches und zur Belüftung und Beheizung des Innenraumes. Der Eintritt erfolgte über die Einlässe unter der Heckscheibe.

Ein Auto, dem die Götter wohlgesonnen sind...Auf alle Fälle empfängt der 500 hier den Segen aus der Hand des Mailänder Erzbischofs Giovanni Montini, des späteren Papstes Paul VI.

Bei geöffnetem Rolldach konnte sich sogar ein Erwachsener auf den Rücksitz schlängeln, wenn auch nur für kurze Strecken. Hier eine Aufnahme vom Pariser Salon 1957.

1957

Der kleine Große

Die offizielle Präsentation des Nuova 500 fand im Juli 1957 statt und stand unter dem Motto: Der kleine Große.
In seiner ersten Ausführung, wegen des großen, bis zur Oberkante der Motorhaube reichenden Rolldaches Trasformabile, also Cabriolimousine, genannt, stellte der 500 ein minimalistisches Auto mit sehr karger Ausstattung dar. Zu einer Zeit, als automobile Schönheit an der Menge des verwendeten Chromschmucks gemessen wurde, war es schon mutig, ein Auto ohne Chromleisten, Radkappen oder gar Kurbelfenster auf den Markt zu bringen. Aber der 500 sollte ja auch nicht den dicken Max markieren, sondern durch Sparsamkeit überzeugen. Daher war wirklich nur das Wesentlichste mit an Bord. Die Instrumentierung beschränkte sich auf einen Tacho und einen Kilometerzähler. Da selbst die Tankuhr fehlte, ließe sich hier durchaus von spartanischen Verhältnissen reden. Hinten gab es keine Sitzbank, sondern lediglich eine mit Teppich belegte Stufe, auf der es sich nur Kinder gemütlich machen konnten, und auch das nur auf kurzen Strecken. Unter der Fronthaube befand sich eine Art Kofferraum, eigentlich mehr ein größeres Handschuhfach, das durch einen Werkzeugsatz, den Tank und das Ersatzrad schon fast zur Gänze ausgefüllt war.
Zu diesem 500 Economica als Einstiegsmodell gesellte sich drei Monate später die Version Normale, die nicht ganz so nackt daherkam. Immerhin besaß der Normale Radkappen, eine rudimentäre Rücksitzbank, Kurbelfenster, Scheinwerfer mit Chromrähmchen und mehr Leistung: 16,5 gegenüber 13 PS.
Das Profil des Wagens beflügelte die Phantasie der Betrachter; schon bald bekam der 500 den Beinamen „Floh". Doch hervorstechendstes Merkmal des 500 war für viele Journalisten seine Straßenlage. Zum Beispiel hieß es da: „Bei normaler Fahrt hält der 500 gehorsam die Spur, aber wer schnell in Kurven geht, der kann gut kontrollierbar das Heck kommen lassen und mit lobenswerter Präzision rasch vorankommen." Zusammenfassend hieß es: „Wer sich den 500 als drolliges Zirkustierchen vorstellt, das sich auf vier Räder gestellt hat, der besitzt einen recht passenden Eindruck davon, was der Fiat wirklich darstellt."
Gelobt wurde auch die „Klimatisierung", die je nach Wunsch warme oder kalte Luft zur Verfügung stellte. Hauptkritikpunkte waren das unsynchronisierte Getriebe und die stößige Federung. Alle aber standen diesem kleinen Auto positiv gegenüber, das ideal für die Stadt war, die Frauen ansprach und den Geldbeutel schonte.

Im Sommer 1957 erfolgte die Einführung des Nuova 500. Wie hier in Turin, zog der Neuling das Interesse von Menschen aller Altersgruppen und aller sozialen Stände auf sich, die auf den „kleinen Großen" neugierig waren.

Im Herbst 1957 ergänzte der 500 Normale den allzu spartanisch ausgestatteten 500 Economica. Der Normale bot wenigstens etwas mehr Komfort, vor allem besaß er Kurbelfenster in den Vordertüren.

In Deutschland lief der Economica unter der Bezeichnung Standard, der Normale als Luxus. Altmeister Werner Oswald beurteilte den Fiat 500 folgendermaßen: „Er ist ein, wenn auch bescheidenes Automobil, klein zwar, gewiss nicht hübsch (sic!) und keineswegs rasant oder schnell, aber solid, stabil, robust und wirtschaftlich. Dazu verfügt er über eine großartige Straßen- und Kurvenlage, seine leichtgängige und exakte Lenkung macht ihn unerhört wendig, und seine ausgezeichneten Bremsen schließlich vervollständigen den Eindruck einer weit über dem Durchschnitt liegenden Fahrsicherheit.... Überhaupt ist der Fiat 500 eigentlich genau das, was viele Leute seit Jahren haben wollten: der halbierte Volkswagen!"

1958

Der kleine Sportler

Der Basis-500 hatte nie verhehlt, dass mit seinen Fahrleistungen und der Spitze von gerade einmal 85 km/h kein Staat zu machen war. Um der Kritik in diesem Punkt zu begegnen und den kleinen Fangios entgegenzukommen, stellte Fiat im September 1958 den stärkeren 500 Sport vor.

Der Sport unterschied sich vom Grundmodell durch einen geänderten Motor, der 21,5 PS abgab und die neue Version 105 km/h schnell machte. Der Hubraum der von 66 auf 67,4 mm aufgebohrten Maschine lag bei 499 cm^3 (anstelle von 479 cm^3) bei unverändertem Hub von 70 mm; damit blieb der Sport gerade eben noch in der Halbliterklasse. Die Verdichtung war von 7,0 auf 8,6 zu 1 erhöht, was die Verwendung von Superbenzin nötig machte. Weitere Änderungen betrafen die Nockenwelle (aus Stahl statt aus Gusseisen) mit geändertem Profil, um die Leistungsausbeute zu verbessern. Demselben Zweck diente auch die Vergrößerung der Ventile um 2 mm auf der Einlass- und um 1 mm auf der Auslassseite. Ferner wurde für die Ventile, die höhere Drehzahlen vertrugen, Stellit, ein Spezialmaterial, verwendet. Der Zylinderkopf unterschied sich nicht nur in der Höhe (wegen der höheren Verdichtung) von der Basis, sondern auch in der Form des Brennraums, die wegen der vergrößerten Bohrung leicht retuschiert wurde.

Die Aufzählung dieser Modifikationen zeigt deutlich, dass der Sport kein Marketing-Trick war, sondern eine in vollem Ernst entwickelte Variante mit echten sportlichen Ambitionen. Die besseren Leistungswerte verdankten sich nicht nur der geänderten Konstruktion, sondern auch der Wahl besonderer Materialien. Natürlich entwickelte sich der 500 Sport aufgrund seines Wesens zum Liebling der Jugend. An seinen roten Seitenstreifen war der ausschließlich in Weiß lieferbare Sport sofort erkennbar; Rot und Weiß dominierten auch im Innenraum. Serienmäßig besaß der Sport

La **Fiat " 500 " sport** ajoute aux caractéristiques de maniabilité et d'excellente tenue de route propres à la " 500 ", une vitesse plus grande et une accélération plus poussée.

La puissance du moteur, qui est de 16,5 CV (SAE 21) dans la voiture normale, a été portée dans la " 500 " sport à 21 CV (SAE 25). Vitesse plus de 105 km/h.

La " 500 " sport est construite en deux versions: à toit ouvrant et à toit fixe.

Der Zweizylinder-Reihenmotor wurde im Sport auf 499 cm^3 vergrößert, was sich auf Spitze und Beschleunigungswerte positiv auswirkte.

Die erste Serie des Sport erkennt man an dem Ganzstahldach; lieferbar war der Sport nur in Weiß mit roten Seitenstreifen.

Das Titelblatt des Kataloges von 1959 weist schon darauf hin, dass es den Sport jetzt auch mit kleinem Klappdach über den Vordersitzen gab. In Deutschland nicht lieferbar.

Im August 1958 widmete sich eine französische Tageszeitung der Frage, ob der stärkere Motor des Sport robust genug war. Die Antwort lautete: Ja!

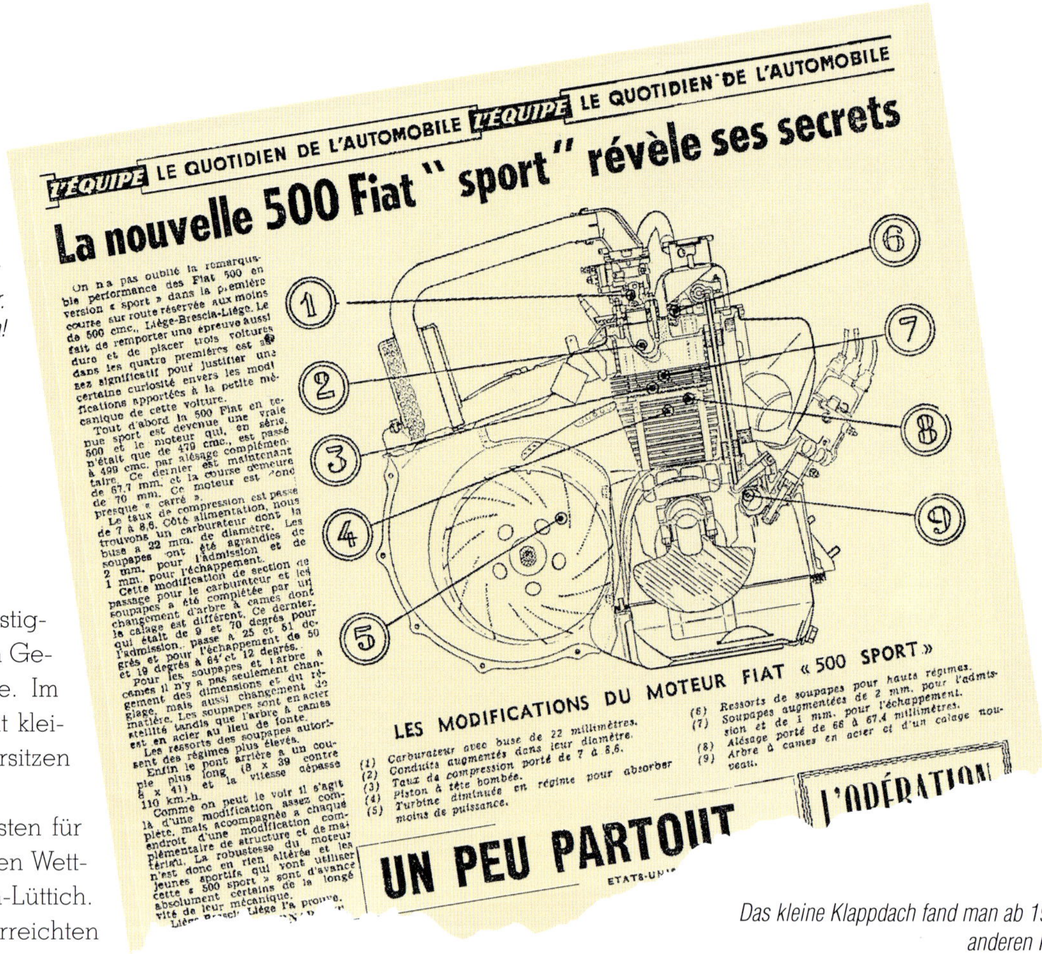

L'ÉQUIPE LE QUOTIDIEN DE L'AUTOMOBILE L'ÉQUIPE LE QUOTIDIEN DE L'AUTOMOBILE

La nouvelle 500 Fiat " sport " révèle ses secrets

On n'a pas oublié la remarquable performance des Fiat 500 en version « sport » dans la première course sur route réservée aux moins de 500 cmc., Liège-Brescia-Liège. Le fait de remporter une épreuve aussi dure et de placer trois voitures dans les quatre premières est assez significatif pour justifier une certaine curiosité envers les modifications apportées à la petite mécanique de cette voiture.

Tout d'abord la 500 Fiat en tenue sport est devenue une vraie 500 et le moteur qui, en série, n'était que de 479 cmc., est passé à 499 cmc. par alésage complémentaire. Ce dernier est maintenant de 67,7 mm. et la course demeure de 70 mm. Ce moteur est donc presque « carré ».

Le taux de compression est passé de 7 à 8,6. Côté alimentation, nous trouvons un carburateur dont la buse a 22 mm. de diamètre. Les soupapes ont été agrandies de 2 mm. pour l'admission et de 1 mm. pour l'échappement.

Cette modification de section de passage pour le carburateur et les soupapes a été complétée par un changement d'arbre à cames dont le calage est différent. Ce dernier, qui était de 9 et 70 degrés pour l'admission, passe à 25 et 51 degrés et pour l'échappement de 50 et 19 degrés à 64 et 12 degrés.

Pour les soupapes et l'arbre à cames il n'y a pas seulement changement des dimensions et du réglage, mais aussi changement de matière. Les soupapes sont en acier stellité tandis que l'arbre à cames est en acier au lieu de fonte.

Les ressorts des soupapes autorisent des régimes plus élevés.

Enfin le pont arrière a un couple plus long (8 x 39 contre 8 x 41) et la vitesse dépasse 110 km.-h.

Comme on peut le voir il s'agit là d'une modification assez complète, mais accompagnée à chaque endroit d'une modification complémentaire de structure et de matériau. La robustesse du moteur n'est donc en rien altérée et les jeunes sportifs qui vont utiliser cette « 500 sport » sont d'avance absolument certains de la longévité de leur mécanique. Liège-Brescia-Liège l'a prouvé.

LES MODIFICATIONS DU MOTEUR FIAT « 500 SPORT »

(1) Carburateur avec buse de 22 millimètres.
(2) Conduits augmentés dans leur diamètre.
(3) Taux de compression porté de 7 à 8,6.
(4) Piston à tête bombée.
(5) Turbine diminuée en régime pour absorber moins de puissance.
(6) Ressorts de soupapes pour hauts régimes.
(7) Soupapes augmentées de 2 mm. pour l'admission et de 1 mm. pour l'échappement.
(8) Alésage porté de 66 à 67,4 millimètres.
(9) Arbre à cames en acier et d'un calage nouveau.

UN PEU PARTOUT

ETATS-UNI…

L'OPÉRATION

ein Stahldach, das die Karosseriefestigkeit verbesserte und dem Fahrer ein Gefühl größerer Sicherheit vermittelte. Im Jahr darauf war der Sport auch mit kleinem Stoff-Faltdach über den Vordersitzen lieferbar.

Der 500 Sport brillierte bei der ersten für die Halbliterklasse ausgeschriebenen Wettfahrt, dem Rennen Lüttich-Brescia-Lüttich. Von 27 gestarteten Fahrzeugen erreichten nur 13 das Ziel, darunter alle angetretenen Nuova 500 Sport. Das italo-argentinische Fahrerduo Brunetto/Frieder gewannen diese schwierige Fahrt vor Wagner-Donven, ebenfalls auf 500 Sport.

Der Sport war deutlich teurer als der normale 500 und fiel bereits 1960 wieder aus dem Produktionsprogramm. In Deutschland wurde der 500 Sport nicht angeboten.

Ende 1958 gab es dann noch einige Änderungen am 500: der Lichtschalter besaß nun drei statt zuvor vier Stufen, links am Armaturenbrett befand sich neu eine Anzeigeleuchte für das Fernlicht.

Das kleine Klappdach fand man ab 1959 auch an den anderen Modellen wieder.

Das Basismodell hatte jetzt eine Fernlicht-Kontrollleuchte am Armaturenbrett.

Fahrwerte des 500 Sport

Verbrauch:
Nach CUNA-Norm:
4,8 l/100 km

Bei 60 km/h:	4,10 l/100 km
Bei 70 km/h:	4,25 l/100 km
Bei 80 km/h:	4,70 l/100 km
Bei 90 km/h:	5,25 l/100 km

Beschleunigung, durchgeschaltet mit zwei Personen/mit zwei Personen + 70 kg Gepäck

0-20 km/h	1,6/1,9 Sekunden
0-40 km/h	4,5/5,5 Sekunden
0-60 km/h	9,5/10,7 Sekunden
0-80 km/h	21,0/24,0 Sekunden
0-90 km/h	28,7/34,0 Sekunden

Elastizität, im vierten Gang mit zwei Personen/mit zwei Personen + 70 kg Gepäck

20-40 km/h	10,8/12,2 Sekunden
20-60 km/h	22,5/25,0 Sekunden
20-80 km/h	35,5/40,0 Sekunden
20-90 km/h	43,0/49,5 Sekunden

Ein Kilometer, durchgeschaltet, mit zwei Personen/mit zwei Personen + 70 kg Gepäck

Mit stehendem Start	46,3/48,2 Sekunden
Ab 20 km/h im vierten Gang	54,9/57,3 Sekunden

1959

Die Stadt ist sein Revier

Der Nuova 500, bald nur noch 500 genannt, hatte einen schweren Start. In Italien litt er unter der direkten Konkurrenz durch den 600 und fasste erst nach 1965 richtig Fuß. Das Problem der internen Konkurrenz hatte der Marketingabteilung von Beginn an Kopfschmerzen bereitet; so erklärt sich auch, dass man den 500 anfangs als Zweisitzer vermarktete. Das Management fürchtete, dass ein voll viersitziger 500 den Verkauf des größeren Modells beeinträchtigen würde.
Im Ausland diente der 500 in erster Linie als Zweitwagen, besonders geeignet für den Stadtverkehr. Mit einer Länge von nur 2,97 m und einer Breite von 1,32 m erwies sich der 500 als ideal für die Bedingungen und Parkplatznöte der Stadt. Er schlüpfte in (fast) jede Lücke und zog den Großen eine lange Nase, verlangte er doch mit seinen geringen Abmessungen kaum mehr Raum als ein Motorroller.
Ab 1959 waren alle Modelle der ersten und zweiten Serie (also Economica und Normale) sowie der Sport auf Wunsch mit dem kleinen Faltdach über den Vordersitzen lieferbar. Ab Dezember wichen die Luftschlitze unter den Scheinwerfern runden Standleuchten, die auch als Blinker dienten. Die Heckleuchten zeigten sich in weniger abgerundeter Gestalt und die Seitenblinker auf den Vorderkotflügeln erhielten anstelle der Tropfenform ein rundes Aussehen.

LA "NUOVA 500"
COMINCIA A CAMMINARE A DUE ANNI

Vittorio Valletta, Presidente della Fiat, è felice che la sua amata creatura, superate le malattie della prima infanzia, cominci ora a camminare bene

Si sa che i bambini cominciano a muovere i primi passi intorno al primo anno di età.
La « 500 » è dunque un po' in ritardo perché solo dopo due anni si può dire che cominci a camminare bene. Infatti sembra che la « 500 » sia nata settimina e benché di robusta costituzione abbi[illegible] dovuto superare diverse malattie: prezzo elevato, eccessiva rumorosità, due soli posti.
Ora, passato il periodo critico della prima infanzia, la « 500 » comincia ad andare bene e ci auguriamo che dopo l'auspicata operazione alle tonsill[illegible] (miglioramento della visibilità [illegible] rumore) [illegible] che a[illegible]

Dieser Bericht vom September 1959 kündet von der Freude des Fiat-Chefs Vittorio Valletta, dass sein „Kleiner" nun auf eigenen Beinen steht. Denn nach dem schwierigen Start kam der Verkauf des 500 endlich einigermaßen in Schwung.

Die Beliebtheit des 500 bei der Damenwelt stieg ständig. Diese schätzte am kleinen Fiat besonders die knuddelige Form und die kleinen Außenmaße, die Parkmanöver einfach machten. Hier die damals jüngste Version mit runden Blinkern, im Dezember 1959 erschienen.

Dieses Bild zeigt einen 500 vom Herbst 1959, noch mit den Lufteinlässen unter den Scheinwerfern und den tropfenförmigen Seitenblinkern.

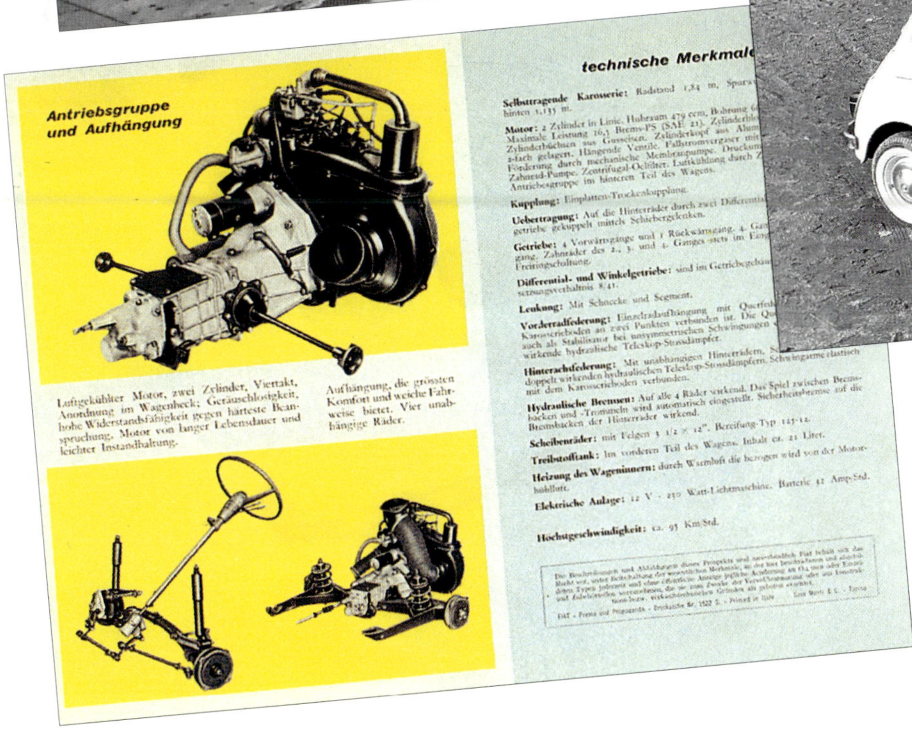

Antriebsgruppe und Aufhängung

Luftgekühlter Motor, zwei Zylinder, Viertakt, Anordnung im Wagenheck; Geräuschlosigkeit, hohe Widerstandsfähigkeit gegen härteste Beanspruchung, Motor von langer Lebensdauer und leichter Instandhaltung.

Aufhängung, die grössten Komfort und weiche Fahrweise bietet. Vier unabhängige Räder.

technische Merkmal

Selbsttragende Karosserie: Radstand 1,84 m, Spurw hinten 1,135 m.

Motor: 2 Zylinder in Linie, Hubraum 479 ccm, Bohrung 6 Maximale Leistung 16,5 Brems-PS (SAE 21). Zylinderbl Zylinderbüchsen aus Gusseisen. Zylinderkopf aus Alum 2-fach gelagert. Hängende Ventile. Fallstromvergaser mit Förderung durch mechanische Membranpumpe. Druckum Zahnrad-Pumpe. Zentrifugal-Oelfilter. Luftkühlung durch Z Antriebsgruppe im hinteren Teil des Wagens.

Kupplung: Einplatten-Trockenkupplung.

Uebertragung: Auf die Hinterräder durch zwei Differentia getriebe gekuppelt mittels Schiebergelenken.

Getriebe: 4 Vorwärtsgänge und 1 Rückwärtsgang. 4. Gan gang. Zahnräder des 2., 3. und 4. Ganges stets im Eing Freiringschaltung.

Differential- und Winkelgetriebe: sind im Getriebegehäu setzungsverhältnis 8/41.

Lenkung: Mit Schnecke und Segment.

Vorderradfederung: Einzelradaufhängung mit Querfed Karosserieboden an zwei Punkten verbunden ist. Die Qu auch als Stabilisator bei unsymmetrischen Schwingungen wirkende hydraulische Teleskop-Stossdämpfer.

Hinterachsfederung: Mit unabhängigen Hinterrädern, S doppelt wirkenden hydraulischen Teleskop-Stossdämpfern. Schwingarme elastisch mit dem Karosserieboden verbunden.

Hydraulische Bremsen: Auf alle 4 Räder wirkend. Das Spiel zwischen Bremsbacken und -Trommeln wird automatisch eingestellt. Sicherheitsbremse auf die Bremsbacken der Hinterräder wirkend.

Scheibenräder: mit Felgen 3 1/2 × 12". Bereifung-Typ 125-12.

Treibstofftank: Im vorderen Teil des Wagens. Inhalt ca. 21 Liter.

Heizung des Wageninnern: durch Warmluft die bezogen wird von der Motorkühlluft.

Elektrische Anlage: 12 V - 230 Watt-Lichtmaschine. Batterie 32 Amp/Std.

Höchstgeschwindigkeit: ca. 95 Km/Std.

Der Prospekt illustriert die Lenkung mit Schnecke und Segment, die zur Handlichkeit des 500 maßgeblich beitrug. Einziger Nachteil: Sie war nicht selbstrückstellend.

Ab Januar 1959 waren alle Modelle mit dem kleinen Klappdach lieferbar. Das abgebildete Exemplar verfügte mit seinen Felgen in Wagenfarbe über einen gewissen Chic.

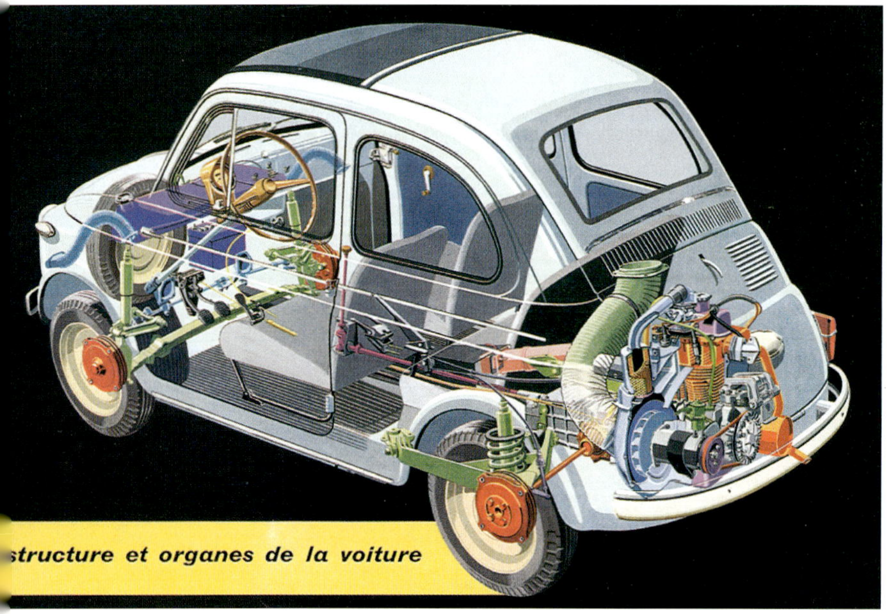

Dieses Schnittbild zeigt den Weg, den die Kühlluft nahm; sie trat über die Schlitze unter der Heckscheibe ein.

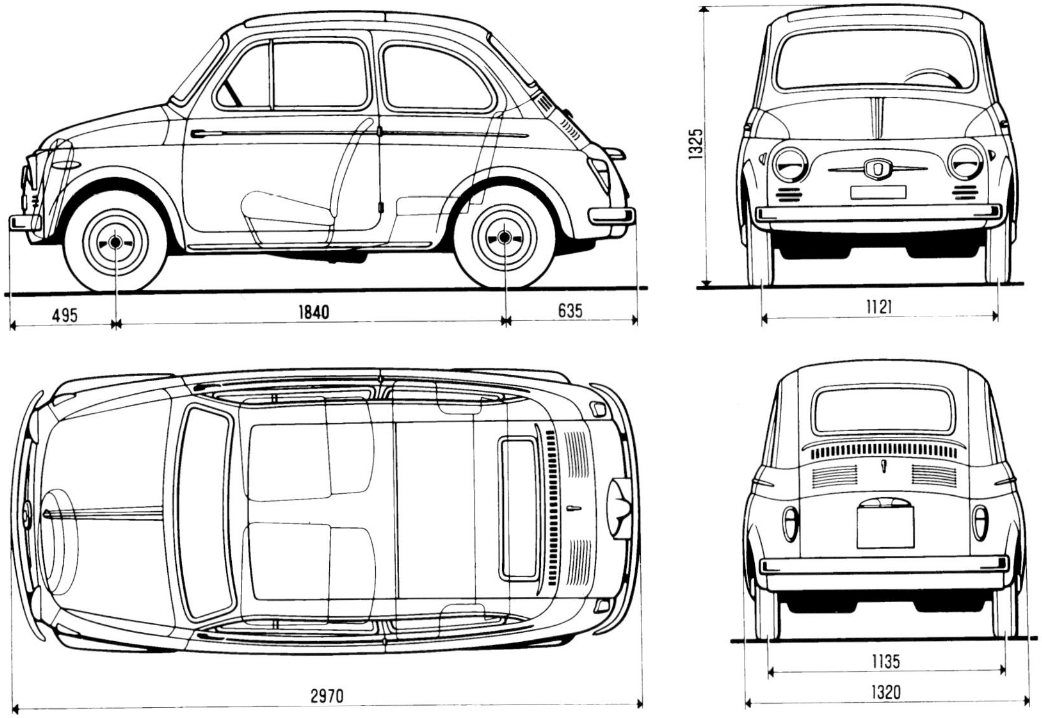

Klein? Haben Sie klein gesagt?...Mit einer Länge von 2,97 m, einer Breite von 1,32 m und der Höhe von 1,325 m war der Fiat 500 ein waschechter Zwerg.

Unten links zwei bezaubernde Zeichnungen aus der Betriebsanleitung. Die Zahlen künden von den überaus bescheidenen Fahrleistungen. Am Berg war der 500 aber unschlagbar!

Der Sport machte seinem Namen alle Ehre. Er bestritt die Fahrt Lüttich-Brescia-Lüttich, aber auch andere Events, wie hier die Rallye des Lions. Auch an den 12 Stunden von Hockenheim nahm er teil und belegte die ersten vier Ränge seiner Klasse.

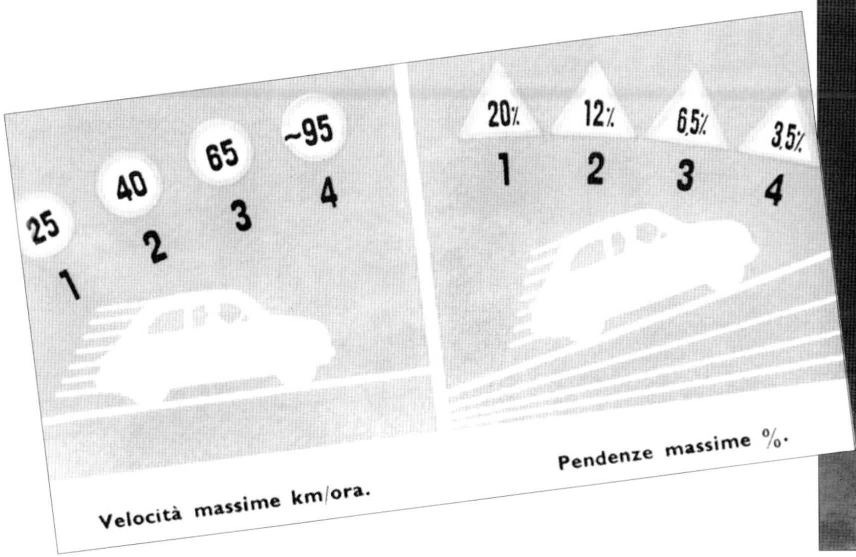

1960

Wiederkehr der Giardiniera

Warum Wiederkehr? Ganz einfach, es hatte ab 1948 schon einmal, auf Basis des Topolino, eine viersitzige Kombiversion namens Giardiniera gegeben. Um an den Erfolg jenes Modells anzuknüpfen und der verehrten Kundschaft ein vielseitig für Geschäft und Freizeit nutzbares Auto bieten zu können, erschien im Mai 1960 in Italien die neue Giardiniera. Ab Herbst war sie im Ausland käuflich, bei uns kostete sie anfangs DM 3750,–. Was Fiat da unternahm, war schon fast ein Ding der Unmöglichkeit: einen echten Kombi zu realisieren, der nur wenig größer ausfallen sollte als die Limousine. Die Giardiniera maß in der Länge 3,182 m (die Limousine 2,97 m), in der Breite 1,323 m und in der Höhe 1,354 m; ihr Gewicht lag leer bei 555 Kilogramm. Es handelte sich um einen echten Viersitzer mit Kofferraum; bei umgelegten Rücksitzen blieb Platz für zwei und 200 Kilogramm an Ladegut. Die Türen waren hinten, die große Hecktüre an der linken Seite angeschlagen.

Der Motor entsprach der Limousine, war aber auf 499,5 cm^3 vergrößert und leistete hier 17,5 PS. Neu war vor allem die Einbaulage des Maschinchens. Erstmals bei Fiat gab es einen Unterflurmotor. Der Motor war zu diesem Zweck um 90 Grad zur Seite geneigt eingebaut, was eine völlig andere Platzierung der Nebenaggregate erforderlich machte, vom Lüfterrad bis zum Vergaser. Besonders auffällig dabei der Weg, den die Kühlluft zurücklegte: durch große Gitter an den C-Säulen trat sie ein, wurde durch Schächte nach unten auf die Höhe des Ladebodens geleitet und von dort über einen flexiblen Schlauch am Lüfterrad vorbei geführt. Die Eintrittszonen befanden sich an

Endlich ein echter Viersitzer, der Platz für die ganze Familie und ihr Gepäck bot. Fiat betonte bei der Vorstellung der Giardiniera, sie sei „das erste moderne Auto mit Unterflurmotor“.

Im Ausland war die Giardiniera ab Herbst 1960 lieferbar. Hier empfängt Schauspieler Charles Vanel sein Exemplar.

staubgeschützter Stelle. Über eine große Klappe im Laderaumboden war der Motor leicht zugänglich.
Angesichts der höheren zu erwartenden Lasten zeigte sich die Giardiniera an vielen Stellen verstärkt, besonders im Bereich der Achsen. Von 1960 bis 1976 wurden von dem kleinen Kombi 170.000 Stück hergestellt. Übrigens behielt der Kombi, anders als die Limousine, zeit seines Lebens die hinten angeschlagenen sogenannten Selbstmördertüren.
Ansonsten gab es 1960 an der Limousine nur eine wesentliche Änderung: der 500 erhielt jetzt die Bezeichnung 500 D und den 499 cm³ großen Motor des Sport, wenn auch um einige Pferdestärken reduziert.

Der berühmte Motor der Giardiniera, an dem die Fiat-Ingenieure ihre ganze Kunst unter Beweis stellten.

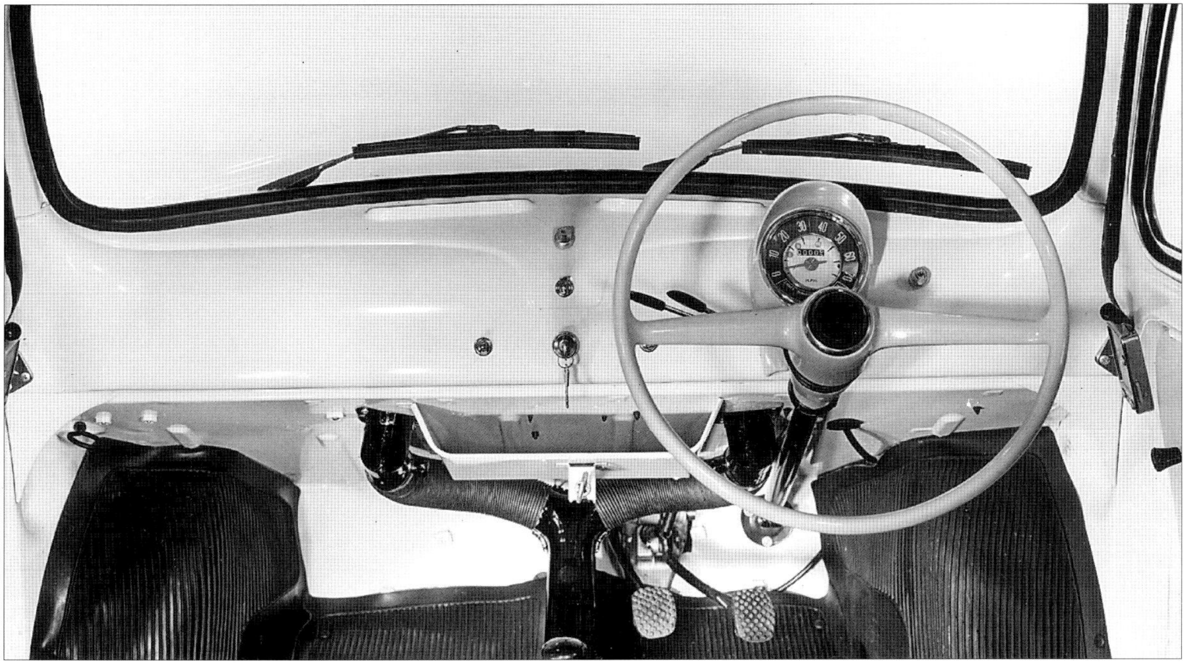

Auch dieser Rechtslenker hatte keine Lenkrad-, sondern die übliche Mittelschaltung. Die Übersetzungen des Getriebes: 1.Gang 3,273; 2.Gang 2,067; 3.Gang 1,300; 4.Gang 0,875; Rückwärtsgang 4,134.

Im September 1960 erschien der 500 D mit dem auf 17,5 PS gedrosselten Motor des Sport. Der Tank fasste 21 Liter, der Kofferraum gerade einmal 150 Liter und war mit einem Täschchen, einem knautschfreien Anzug und zwei kleinen Schächtelchen bereits voll. Preis in Deutschland DM 3090.-.

Die 24 cm längere Giardiniera bot mit ihrem längeren Dach vier Personen genügend Bewegungsfreiheit. Das Rolldach schuf auch Raum für Sitzriesen.

Die Hauptdaten des Zweizylinder-Flachmotors entsprachen der Maschine des Sport: Hubraum 499,5 cm³, Bohrung 67,4 mm.

Mit 800 Litern Laderaum war die Giardiniera ideal für die Freizeit; diese Damen brauchen sich keinen Millionär zu angeln.

FIAT
Giardiniera
500

FIAT
iardiniera
500

Vorhergehende Seite: zwei von vier hübschen Werkspostern, die den kleinen Kombi in Szene setzten.

Mit der umklappbaren Rücksitzbank erwies sich die Giardiniera als sehr praktisch und ladefreundlich. Es gab auch einen Kleinlieferwagen ohne hintere Seitenscheiben.

1961

Ein neuer Name

Als 500 D und mit neuem Motor betrat der 500 kühn das neue Jahrzehnt und wurde in dieser Form bis 1965 gefertigt. Als kommende Ikone der sechziger Jahre stieß der 500 mehr und mehr auf das Wohlwollen der Presse.

Das Auftreten des Kleinwagens war schon immer positiv beurteilt worden, jetzt entdeckte man immer mehr dessen innere Werte. Von der äußeren Gestalt heißt es etwa: „Klein und primitiv muss nicht mehr notwendigerweise Hand in Hand gehen; Lackierung und Qualität der Bleche ist tadellos, das Rolldach hat sich längst bewährt". Die Fahreigenschaften wurden als angenehm beurteilt: „...die Handlichkeit ist unglaublich, der 500 schlüpft in jede Lücke". Kräftig auch die Bremsen, die den Wagen aus 80 km/h in 32 Metern zum Stillstand brachten. Aber es gab auch Anlass zur Kritik: die sehr breiten A-Säulen beeinträchtigten die Sicht und ließen einen allzu großen toten Winkel.

An Neuerungen gab es zu vermerken: die automatisch rückstellenden Scheibenwischer, der Gummiball für den Scheibenwascher, Schutzverkleidungen unter dem Armaturenbrett, abklappbare Rücksitzbanklehne und Zigarrenanzünder. Am Innenrückspiegel befand sich jetzt eine Innenraumleuchte, links am Armaturenbrett Kontrollleuchten für Blinker und Fahrlicht.

Werner Oswald lobte den 500 D im auto katalog 1961/62 mit beinahe den selben Worten, die er dem ursprünglichen 500 gewidmet hatte; seine Schmähung der Karosserieform hatte sich aber mittlerweile auf die Wendung „nicht übermäßig hübsch" reduziert.

Dieses Pressefoto zeigt alle damaligen Fiat-Familienautos. In der Mitte die 500 Giardiniera vor dem 600 Multipla, umrahmt von (im Uhrzeigersinn) 1300/1500 Kombi, 2300 Kombi, 1100 D Kombi und 1800 B Kombi. Im Hintergrund glückliche junge Menschen.

Links oben: der stärkere Motor des 500 D trug zu dessen Erfolg bei. Die Jahresproduktion stieg zwischen 1960 und 1964 von 60.000 auf 160.000 Stück.

Links unten: Deutlich zu erkennen die Schlitze unter der Heckscheibe, durch welche die Kühlluft einströmte.

Geschickte Konstruktionskniffe verringern den Platzbedarf ebenfalls. Der luftgekühlte Zweizylindermotor des Fiat 500 Giardiniera ist liegend angeordnet.

Autre moyen de réduire l'encombrement: le moteur à 2 cylindres à refroidissement à air de la Fiat 500 Giardiniera est adroitement logé à plat sous le plancher.

Der berühmte Flachmotor der Giardiniera, erstmals bei Fiat verwendet. Vom Motor des 500 Normale unterschied sich diese Maschine konstruktiv nur durch den größeren Hubraum von 499 cm³.

Ruhige Jahre

Da es in diesen beiden Modelljahren kaum Änderungen am 500 gab (ab Dezember 1963 erhielt er allerdings ein schmierungsfreies Lenkgestänge und ein geändertes Kupplungspedal), lassen wir an dieser Stelle einmal die Besitzer zu Wort kommen, die in ständig wachsender Zahl den Winzling für sich entdeckten.

Im April 1963 berichtete der Leser einer Fachzeitschrift von seinen 60.000 Kilometern im Fiat 500. Die Entscheidung zum Kauf fällte der Eigner aufgrund der geringen Außenmaße, des günstigen Unterhalts und des niedrigen Kaufpreises des 500. Im täglichen Gebrauch habe sich der Fiat aber bald als unersetzlich erwiesen. Im Stadtverkehr neide man dem 500 seine Wendigkeit im dichten Verkehr; über Land seien problemlos Schnitte von 90 bis 95 km/h machbar, in den Bergen sei Erstaunliches möglich, solange man die vier Gänge vernünftig nutze. Besonders betonte der Leser, wie praktisch der 500 sei: dank großen Rolldachs könne man große und lange Gegenstände bequem im Wagen unterbringen, in einem Umfang, wie es sich andere Leute gar nicht vorstellen könnten.

Die Krönung dieser Erfahrungen lag in den niedrigen Kosten, die sich über die gesamte Strecke gerechnet auf wenige Pfennige je Kilometer beliefen.

1095

...OCAR, 21 DECEMBER 1962

NEWS and VIEWS

WANKEL ENGINE IN PRODUCTION

HERR G. VON HEYDEKAMPF, chairman of the board of directors of NSU at Neckarsulm, has announced officially that his company will build a car powered by a Wankel rotary combustion engine, and which will be presented at the Frankfurt Show to be held next September. He said also that it will be in full production by 1964, but could not at this stage reveal what its price would be.

It is understood that this first production version of a Wankel-engined car will be based on the present NSU Sports Prinz in de luxe form and will be known as the Spyder. The engine is to be a 500 c.c. chamber volume—in other words, a 1.5-litre engine when compared with the orthodox piston design—and will develop 60 b.h.p.

FORTH BRIDGE FREE?

MOTORISTS may be able to cross the new Forth Road Bridge without paying any toll charges. Local authorities are trying to persuade ... Secretary of State ... money ...

Prince Philip tries a Fiat 500D fo...

Prinz Philip zu Besuch bei Fiat in Turin. Offensichtlich haben Ihre Hoheit Probleme, sich in den 500 D einzufädeln. Kein Wunder, die Türausschnitte waren auch nur 108 cm hoch. Ausriss aus Autocar vom 21. Dezember 1962.

Familienauto, Geschäftswagen...die Giardiniera war beides und überraschte durch ihre Geräumigkeit.

Auch im Regen hatten die Passagiere des 500 nichts zu befürchten. Das Klappdach war berühmt für seine exzellente Dichtheit.

Glücklich gelandet und gut nach Hause chauffiert, was will man mehr? Gepäck ließ sich im kleinen Frontkofferraum und hinter den Vordersitzen unterbringen.

Abarth

In der Habsburgerstadt Wien wurde am 15. November 1908 Karl Abarth als Sohn österreichischer Eltern geboren, die bald darauf nach Italien zogen. Von frühester Jugend an widmete sich Karl der Technik, insbesondere Motorfahrzeugen und da wiederum speziell Motorrädern.

Nach einer gründlichen technischen Ausbildung entwarf er sein erstes Auto selbst, das über einen eigens angefertigten Rahmen und einen 600 cm^3 großen Motorradmotor von Sunbeam verfügte.

Karl nimmt an Motorradrennen teil und debütiert auf einer FN 600, mit der er sofort seinen ersten Sieg einfährt. Das war keine Eintagsfliege, denn Karl erringt fünfmal den Titel eines österreichischen Seitenwagen-Meisters. Ein Unfall im Jahre 1939 setzte seiner Rennsportkarriere jedoch ein Ende; er ließ von den Motorrädern ab und eröffnete eine Werkstatt. Bei Kriegsende ließ er sich in Meran nieder. 1946 wurde er Vertreter für Porsche-Produkte und -Patente in Italien; im Jahr darauf technischer und Sportdirektor bei Cisitalia; zu dieser Zeit beschäftigte er sich mit Sportwagen, auf denen Nuvolari, Taruffi, Farina und Stuck große Erfolge feiern. Zum Beispiel belegte Tazio Nuvolari auf einem Cisitalia 1100 Sport bei der Mille Miglia 1947 den zweiten Platz hinter Clemente Biondetti auf Alfa Romeo. Doch der berühmte Cisitalia Grand-Prix-Wagen verschlang die bescheidenen finanziellen Reserven der Marke, die 1948 aufgeben musste. Abarth war arbeitslos, obwohl er drei Jahre lang in der Rennsportszene aktiv gewesen war und mit seinen Partnern die Wiedergeburt des italienischen Motorsports geprägt hatte. Am 31. März 1949 gründete er gemeinsam mit Armando Scagliarini, dem Bruder eines seiner Fahrer, die Firma Abarth & Co. Unter dem Sternzeichen des Skorpions geboren,

Abarth zeigte auf dem Turiner Salon 1957 seine Version des Nuova 500. Bei unverändertem Hubraum stieg die Leistung von 13 auf 20 PS und die Spitze von 85 auf über 100 km/h. 1958 kam ein weiteres Modell hinzu, das, optisch unverändert, mit dem Motor des Nuova 500 Sport aufwartete.

Der Abarth-Stand auf der IAA 1957 zeigte einen Querschnitt des Modellprogramms und den Fiat 600-Rekordwagen.

1957 präsentierte Zagato den 500 Zagato mit Abarthmotor (links unten). Das Alu-Coupé auf Basis des Nuova 500 besaß dessen 479-cm³-Motor, der hier auf 23 PS kam und den kleinen GT 115 km/h schnell machte. Die erste Serie baute auf dem normalen 500, die zweite auf dem 500 Sport auf.

Motor des 500 Zagato Sport; 499 cm³, 33 PS, 140 km/h Spitze.

wählte Abarth dieses Tier als sein Markenzeichen.
Abarth modifizierte nicht nur Fiat 500- und 600-Modelle, er war auch auf anderem Gebiet aktiv: von seinen berühmten Sportauspuffanlagen, die für mehr als 50 Autos lieferbar waren, produzierte er über 125.000 Stück; kaum ein Monat verging, in dem nicht ein neuer Auspuff ins Programm kam. Von den 300 Leuten, die Abarth beschäftigte, widmeten sich 60% der Auspuffherstellung, dem eigentlichen Rückgrat der Firma.
Nachdem die finanzielle Basis der Firma auf diese Weise gesichert war, konnte sich Abarth der Modifikation von Autos und dem Entwurf eigener Modelle zuwenden. Mit Genugtuung konnte er betrachten, wie seine stets leichtgewichtigen Fahrzeuge Siege einfuhren und sogar Rekorde aufstellten.
1958 gewann der Herrenfahrer Ovidio Capelli die italienische Tourenwagen-Meisterschaft auf einem Fiat 500 Abarth Zagato. Im Februar des selben Jahres trat ein Nuova 500 Abarth zu Rekordfahrten an; einzige weitere Modifikation war die Anbringung von Zusatzscheinwerfern. Der Wagen legte 10.457,874 Kilometer mit einem Schnitt von 108,936 km/h zurück, ferner in fünf Tagen 12.993,716 Kilometer mit einem Schnitt von 108,280 km/h. Die 15.000 Kilometer knackte der 500 in 139 Stunden, 16 Minuten und 33 Sekunden, was einem Stundenmittel von 107,699 km entsprach. Die Werte für die sechs Tage betrugen 15.531,957 Kilometer und 107,860 km/h. Schließlich ein neuer Rekord für die sieben Tage:

Links ein Gruppenbild der Abarth-Testfahrer nach Zuverlässigkeitserprobungen mit den ersten 500 Abarth in Monza. Die Flitzer wurden an jenem Tag mit über 100 km/h gemessen.

Prospekt zum Abarth 595, der 1963 auf Basis des 500 D entwickelt worden war. Der Preis lag bei 595.000 Lire, also 1.000 Lire pro Kubikzentimeter.

Fiat 595 SS Abarth von 1964. Diese Sportversion kam mit 32 PS auf 130 km/h und war von der FIA für die Tourenwagen-Gruppe 2 homologiert. Auf Kundenwunsch gab es zur Verbesserung der Aerodynamik den hier gezeigten Dachaufsatz aus Plastik.

Der Fiat Abarth 595 Lusso mit Stoßstangenbügeln, roten Zierstreifen auf den Flanken und Chromradkappen wie am 500 L.

18.186,440 Kilometer bei einem Schnitt von 108,252 km/h. Zwischen 1956 und 1959 baute Abarth Spezial-Rekordfahrzeuge auf Fiat-Basis. 1956 stellten Abarth und Karossier Bertone einen Fiat 500 mit futuristischen Linien vor. Dabei handelte es sich nicht eigentlich um einen 500, da der Wagen vom Fiat 600 abgeleitet war und einen 495,8 cm^3 großen Vierzylinder besaß, der 30 PS abgab und eine Spitze von 150 km/h ermöglichte. In einer zweiten Version war das Auto sogar 160 km/h schnell. 1958 taten sich Abarth und Pinin Farina zusammen und brachten einen neuen Rekordwagen, diesmal auf Basis des Nuova 500; die Karosserie war extrem windschlüpfig geformt, nur die

Hier der 695 mit den neuen, vorne angeschlagenen Türen und größeren Stahlfelgen. Genfer Salon 1965.

Fiat Abarth 695, das letzte Modell mit den Selbstmördertüren, hier Alufelgen tragend. Genfer Salon 1964.

1966 erschien der Fiat Abarth 695 SS Assetto Corsa mit Kotflügelverbreiterungen aus Polyester, unter denen sich natürlich auch breitere Felgen und Reifen verbargen. Mit 38 PS lief der Corsa 140 km/h und war für die Gruppe 2 homologiert.

Fahrerkabine ragte in den Wind. Im Unterschied zu den früheren Wagen verzichtete man hier auf aerodynamische Hilfsmittel. Das Auto war winzig klein und besaß hinter dem Fahrersitz einen Periskop-Lufteinlass, um die Luftzuführung zum Motor zu gewährleisten. Als Antrieb diente der 479 cm^3 messende Zweizylinder, auf 36 PS gebracht; damit lief das Auto 180 km/h. Ende 1965 hielt Abarth nicht weniger als 108 internationale und drei Weltrekorde in allen Klassen.

Auf Basis des 500 D entwickelte Abarth 1964 ein neues Modell, den 695, dessen Hubraum von 583 cm^3 im Vorgänger namens 595 auf 689 cm^3 wuchs. Dadurch ließen sich bei unveränderter Leistung Verdichtung und Drehzahlniveau senken, was der Lebensdauer zugute kam. Der kleine Bolide war immerhin 130 km/h schnell. Im Jahr darauf stellte man den 695 SS vor, der über vorne angeschlagene Türen und einen etwas kräftigeren Motor verfügte.

Nicht vergessen wollen wir den Fiat 595 Abarth Lusso, eine etwas zivilere und luxuriösere Variante mit der Ausstattung des 500 L, aber stärkerem Motor als dieser.

1971 übernahm die Fiat-Gruppe Abarths Firma; Karl Abarth starb im Jahre 1979.

Der Innenraum des Fiat Abarth 595. Die Sportinstrumente gab es nur gegen Aufpreis.

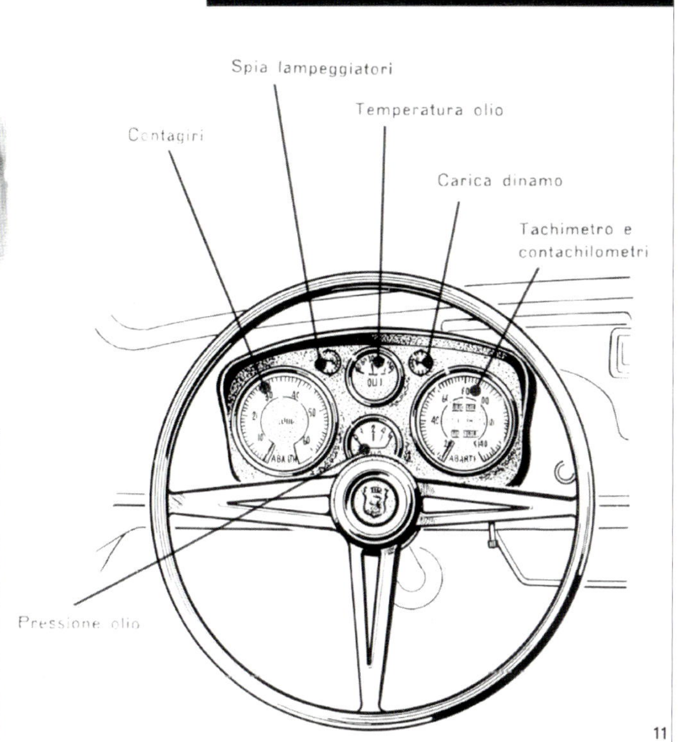

11

Diese Skizze zeigt das Armaturenbrett des Fiat Abarth 695 mit Dreispeichen-Sportlenkrad. Die Instrumente umfassen Tourenzähler, Ölthermometer, Tacho und Tankuhr. Diese Ausführung war für die Modelle 595 und 695 lieferbar.

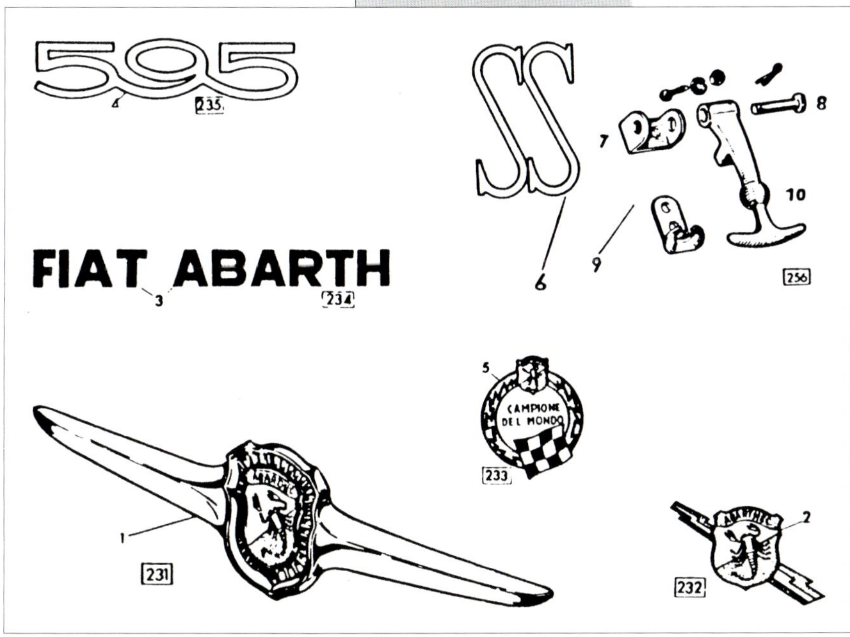

Auszug aus dem Abarth-Katalog. Manche Angebote dienten allein der Verschönerung: das verchromte Frontemblem, das emaillierte Skorpionwappen, Motorhaubenverschlüsse oder der 595-SS-Schriftzug.

1964

Der endgültige Durchbruch

Zur selben Zeit, als die Fiat-Modellfamilie durch den 850 Zuwachs erhielt, einen neuen, zwischen dem 600 und dem 1100 angesiedelten Kleinwagen, begann der 500, sich endgültig durchzusetzen. Vor allem in Italien, wo die Zeit der Entbehrungen nun vorüber zu sein schien, schaffte der 500 jetzt endgültig den Durchbruch und knackte zum ersten Mal die Hürde von 150.000 Zulassungen in einem Jahr; aber auch im Ausland liefen die Geschäfte gut. Immer mehr entwickelte sich der 500 zu dem Stadtauto schlechthin und überzeugte auch die Zweifler. In Frankreich etwa wurde das Händlernetz auf über 650 Stützpunkte ausgedehnt; in Deutschland gab es damals über 1400 Händler.

Auch 1964 gab es einige Verbesserungen am 500. Im Januar wurde an der Limousine der Schalthebel geändert, im Mai die Steckerverbindungen der Hupe. Ab Juli bestand die vordere Querblattfeder aus sechs anstelle von fünf Lagen. An der Giardiniera entfiel die kleine Klappe, die Zugang zum Ölmessstab gewährt hatte. Der 500 D kostete 1964 bei uns DM 3290,–, die Giardiniera DM 3990,–.

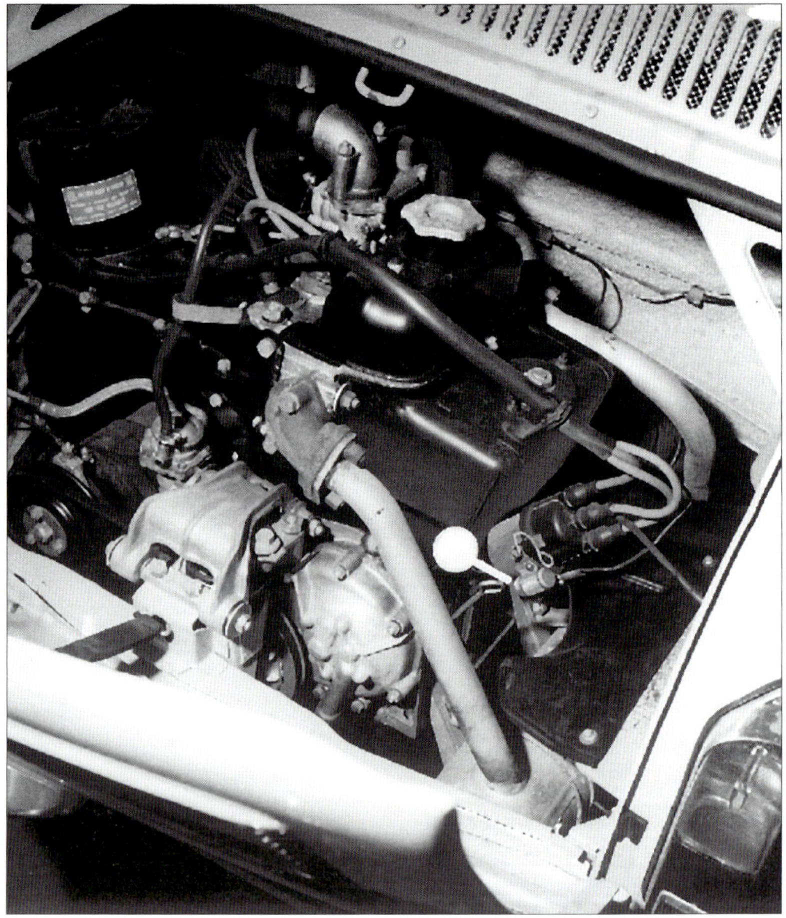

Ein kleiner Motor, der nicht viel verlangte. Allerdings musste man den Ölstand alle 500 Kilometer oder einmal wöchentlich kontrollieren...aber Obacht, erst die Mühle einige Minuten lang warmlaufen lassen! Aus 499,5 cm³ holte die Maschine 17,5 PS.

Die Giardiniera erfuhr im Laufe ihres sechzehnjährigen Lebens keine grundlegenden Änderungen und blieb stets einer gewissen Einfachheit verpflichtet, die ihrem Nutzfahrzeugcharakter entsprach.

Das überaus einfach gehaltene Armaturenbrett mit dem einsamen Kombi-Instrument. Wenigstens wurde es durch eine Verkleidung vor Reflektionen geschützt.

Der 21 Liter fassende Tank verbarg sich im Frontkofferraum. Oft durchströmten Benzindüfte den Innenraum.

1965

Halt dem Selbstmord!

Im Laufe seiner 18 Produktionsjahre erfuhr der 500 stets nur geringfügige Änderungen; doch 1965 brachte einen gewissen Einschnitt, so dass sich auf einen Blick Modelle aus der Zeit vor 1965 von den Varianten danach unterscheiden lassen. Denn neue Sicherheitsnormen verlangten den Ersatz der Selbsmördertüren. Von nun an öffneten die Einstiegsluken, außer an der Giardiniera, nach vorne. Begleitet wurde diese "Revolution" von neuen Türgriffen mit Druckknöpfen hinten an den Türen. Weitere Änderungen erschlossen sich vornehmlich dem Auge des Kenners: die Zierleisten an den Flanken und auf der Fronthaube entfielen, die Frontscheibe war größer und die Heckleuchten zeigten sich nun noch eckiger ausgeführt. Innen bemerkte man Ablagekästen aus Plastik statt aus Blech; am Armaturenbrett befanden sich Schalter und Hebel jetzt auf gleicher Höhe, die Tachoskala reichte bis 120 km/h. Der Deckel des Aschenbechers wurde geändert und der Tank reichte jetzt über die gesamte Breite des Kofferraums. Die Gesamtheit dieser Änderungen heischte nach einer neuen Modellbezeichnung, und so wich der 500 D im Februar 1965 dem 500 F (Preis in Deutschland: DM 3350,-). Die Giardiniera mit ihren Selbstmördertüren bot als einzige Neuheit flacher ausgeführte Radkappen. In Deutschland entfiel mit Einführung des F die Giardiniera und wurde durch den Autobianchi Panorama ersetzt.

Ab Februar 1965 öffneten die Türen des 500 nach vorne, um neuen Sicherheitsbestimmungen zu genügen. Auch andere Autos, wie der Citroen 2 CV, mussten sich den neuen Normen anpassen.

Urform für die Karosserie des 500. Das Holzmodell im Maßstab 1 zu 1 diente dazu, Punkt für Punkt die Oberfläche der Karosserie erfassen zu können.

Der Kleine fuhr auch wacker bei Rallyes mit, insbesondere in Abarth- oder Steyr-Puch-Ausführung. Der 500 wurde sogar italienischer Bergmeister in der Halbliterklasse. Hier bei der Rallye Monte Carlo 1965.

Die Giardiniera behielt die Selbstmördertüren, auch später als Autobianchi.

Wer sagt eigentlich, dass Selbstmördertüren unpraktisch sein müssen? Hier ermöglichen sie Schauspieler Ugo Tognazzi eine entspannte Beinhaltung.

1966

Konkurrenz

Das Modell 1966 der Giardiniera, in Deutschland nicht mehr lieferbar.

Im Laufe seines Lebens sah sich der 500 natürlich immer der Konkurrenz ähnlich hubraumschwacher Kleinwagen ausgesetzt und wir wollen an dieser Stelle einmal sehen, wie sich in einem typischen Vergleichstest der kleine Fiat gegen die Mitstreiter hielt.

Der Fiat traf auf sechs andere Kandidaten: den VW 1300A, den DAF 44 Variomatic, den Austin 850, den NSU Prinz IV, den Renault 4 und den Simca 1000 GLS. Von je 20 möglichen Punkten in der Kategorie Getriebe erreichte der unsynchronisierte Fiat lediglich 9,1...und im Kapitel Innenraum und Ausstattung auch nur 9,32. Besser lief es erwartungsgemäß bei den folgenden Kriterien: Straßenlage (Platz 3 mit 17,36 Punkten), Lenkung (Platz 4 mit 16,99 Punkten), Bremsen (Platz 1 mit 19,32 Punkten), Handlichkeit und Parken (19,80 Punkte). Insgesamt zeigte sich der Fiat in der Stadt den Rivalen überlegen, über Land hingegen hatte er das Nachsehen.

Auch in diesem Jahr gab es Detailmodifikationen. Das Zierteil auf der Motorhaube, das die Kennzeichenleuchte beherbergte, bestand von nun an aus metallisiertem Plastik statt aus Aluminium, der Schalldämpfer am Auspuff war nicht mehr zylindrisch, sondern in Form zweier verrippter Schnecken ausgeführt. Die Vordersitze der Giardiniera erhielten Sprungfedern; ein Schläuchlein zwischen Öleinfüllstutzen und Luftfilter diente der Rückführung von Öldämpfen.

Die Windschutzscheibe des 500 F wuchs in Breite und Höhe, was die Sicht verbesserte.

Auf diesem Bild erkennt man die Änderungen am Armaturenbrett; die Schalter befanden sich jetzt alle auf einer Höhe, die Tachoskala reichte bis 120 km/h.

Ab Juli 1964 entfiel an der Giardiniera die kleine Klappe, die Zugang zum Ölmessstab gewährt hatte.

Der Innenraumkomfort wurde durch einige Änderungen erhöht. Die Sitze erhielten Federkerne und der Türoffner eine Plastikverkleidung.

Ghia

Die Karosseriebaufirma wurde 1915 von Giacinto Ghia gegründet, der zuvor bei mehreren Turiner Karossiers seinen Lebensunterhalt verdient hatte. Ab 1954 widmete sich Ghia auch dem Umbau fremder Karosserien etwa zu eleganten Cabriolets. Unter anderem nahm man sich bei Ghia der Fiat 500, 600 und Multipla an.

Auf dem Turiner Salon 1957 zeigte Ghia auf Basis eines 500 einen prächtigen kleinen, völlig offenen Strandwagen. Dieser 500 Jolly unterschied sich vom Fiat 500 durch die Windschutzscheibe ohne Scheibenwischer, seine modifizierte Frontpartie mit Lufteinlässen und versenkten Scheinwerfern ohne Zierringe, die sisalbezogenen Sitze und das in Karosseriefarbe gehaltene Lenkrad.

Die Versionen 1958 und 1959 des Jolly trugen vorne statt der Lufteinlässe Blinkleuchten und erhielten Scheibenwischer.

Fiat 500 Jolly Ghia Speciale mit geänderter Front und verchromtem Frontscheibenrahmen.

Der 500 Jolly Ghia war ein Auto für Stars. Hier posiert er im Jahre 1959 neben Yul Brynner. Anders als der Schauspieler besaß der Jolly Zotteln oben dran.

Der 500 Jolly Ghia für die USA hatte wegen der dortigen Vorschriften höher angebrachte, frei stehende Scheinwerfer (wie übrigens alle US-500).

Dieser Pickup mit der Bezeichnung 500 Ziba wurde in kleiner Serie hergestellt. Basis des Ziba war die Giardiniera.

Auf dem Pariser Salon 1960 wurde der Ghia 500 Ziba vorgestellt, ein Pickup auf Basis der Fiat 500 Giardiniera.
Fünf Jahre später zierte den Turiner Ghia-Stand ein ebenfalls auf der Giardiniera aufbauender Strandwagen ohne Verdeck und ohne Türen. Der Innenraum bot vier vollwertige Sitzplätze, alle nach Gartenstuhlart gestaltet; eine Spannkette auf jeder Seite ersetzte die nicht vorhandenen Türen.
Keiner der 500 Ghia war mit dem anderen völlig identisch, alle unterschieden sich in Kleinigkeiten, etwa den Zierteilen an der Wagenfront, oder den Sitzbezügen, die aus schmalen oder breiten Elementen bestehen konnten....
Auch Sonderanfertigungen nach Wunsch des Kunden waren möglich.
Ungefähr 700 Stück wurden vom 500 Ghia und 800 vom 600 Ghia hergestellt. Leider erlebte Giacinto Ghia das alles nicht mehr mit; er starb bereits 1944.

Istanbul 1959: Onassis am Steuer eines Ghia Jolly Speciale in Begleitung von Sir Winston Churchill nebst Gemahlin.

Dieser Fiat 500 Jolly Ghia kommt ohne die verchromten Haltebügel der anderen Modelle aus.

Fiat 500 Jolly Ghia Giardiniera, Jahrgang 1965. Längerer Radstand, flache Radkappen und Lufteinlässe an den hinteren Kotflügeln kennzeichnen dieses Auto.

67-68

Man nannte es Luxus

Ab Juni 1967 wurden an der Giardiniera andere vordere Bremstrommeln verwendet. An die Stelle der verrippten Alutrommeln traten unverrippte Einheiten aus Gussstahl.

Die Legende entsteht und strebt in punkto Verkaufserfolg ihrem Höhepunkt entgegen, ausgelöst durch die Vorstellung der L-Version, die in besonderem Maße zum Mythos beiträgt, denn der L war besonders schick und prägte das spätere Image des 500 nachhaltig, bis hin zu seinem Status als Sammlerauto.

Besser ausgestattet und zugleich attraktiver besaß der L, den es auch in der neuen Farbe Schwarz gab, verchromte Bügel an den Stoßstangen und Chromleisten an Regenrinnen und um die Heckscheibe. Links unten auf der Motorhaube prangte ein eleganter Fiat 500 L-Schriftzug. Innen zeigte sich der L ebenso fein gemacht. Das Armaturenbrett war mit reflexfreiem Material überzogen (der Instrumententräger stammte vom 850) und das Lenkrad zeigte sich mit Metallspeichen recht sportlich. Teppichboden, Ablageschalen aus Plastik und verstellbare Rückenlehnen an den Vordersitzen komplettierten die Ausstattung.

Ab Herbst wurde der 500 L zum Preis von DM 3850,- angeboten und gab den Verkaufszahlen einen kräftigen Schwung. In Deutschland etwa stieg der Absatz zwischen 1968 und 1971 von 6630 auf 12.379 Exemplare an.

Ab März wurde die Giardiniera nicht mehr bei Fiat, sondern bei Autobianchi gefertigt; an der Front fand sich dementsprechend ein anderes Markenzeichen.

Armaturenbrett des 500 F.

Der L in seiner ganzen Pracht, auf den ersten Blick zu erkennen an den verchromten Stoßstangenbügeln.

Hinter seiner Bescheidenheit verbirgt sich Großes, so das Motto des Prospektes aus dem Jahre 1967. Bescheiden präsentierte sich das Basismodell, doch bald darauf wurde der 500 als L wesentlich attraktiver.

In den Fiat 500 L und F leistete der 499,5 cm^3 große Motor 18 PS.

Die italienische Zeitschrift Quattroruote widmete sogar die Titelseite dem 500 L, der sich mit mehr Komfort, frischen neuen Farben und Chromschmuck an neue Kundengruppen wandte.

Dieser pelzige Aufmarsch fand im Rahmen einer Kampagne der französischen Kunstgewebehersteller statt. Was da also, einige Tage vor Eröffnung des Pariser Salons, die Damen und ihre Autos kleidet, sind demgemäß synthetische Stoffe. Brigitte Bardot hätte ihre Freude daran.

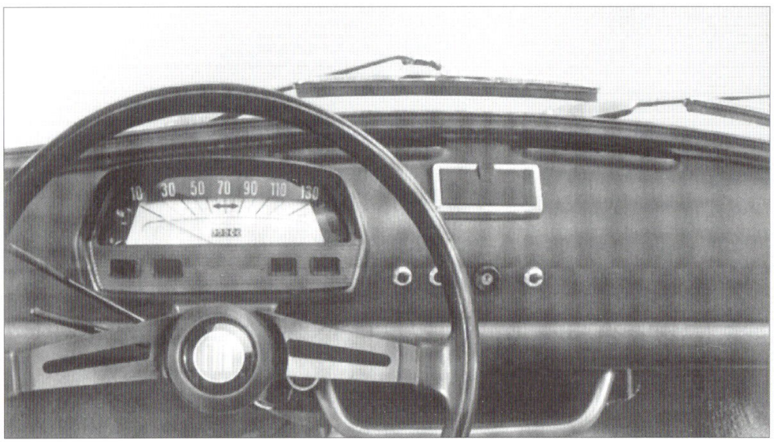

Innere Kennzeichen des 500 L: das sportlichere Lenkrad, das neue Anzeigeinstrument, jetzt inklusive Tankuhr, und das mit nicht reflektierendem Material bezogene Armaturenbrett. Das Instrument stammte übrigens aus dem Fiat 850.

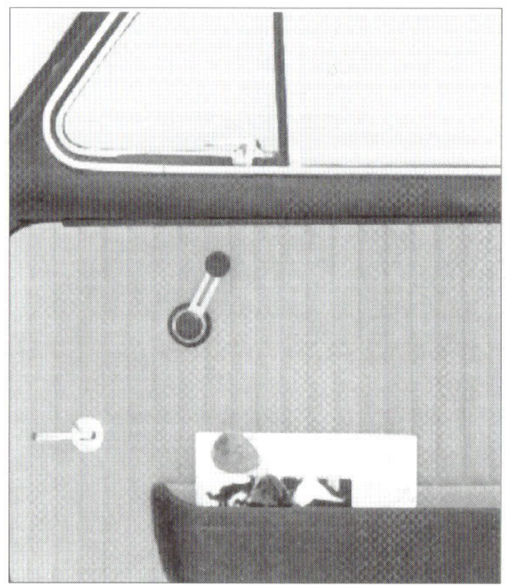

Weitere Merkmale des L: Mittelkonsole hinter dem Schalthebel und Kunststoff-Ablagekästen in den Türen.

Big Deal – Small Price.

Unter diesem Motto warb Fiat in England für den 500. Dort gab es den Wagen mit Klappdach, Sonnenblenden und Chromradkappen. Wer es eine Nummer größer wollte, konnte in der obigen Anzeige auch einen Kasten entdecken, der für den 600 warb.

Schwarz steht ihm wirklich gut. Diese Aufnahme aus einem Prospekt vom November 1969 zeigt den 500 L. Wegen der Stoßstangenbügel wuchs der L von 2,97 auf 3,025 Meter Länge. Ab 1968 erhielten übrigens alle Fiat ein neues, rotgrundiges Markenzeichen. An den 500 entfiel zum gleichen Zeitpunkt der Chromschmuck an der Schnauze.

Rekordjahre

Der L-Effekt war für Fiat recht profitabel und die Bemühungen des Hauses um mehr Komfort, Ästhetik und Originalität machten den Kleinen für neue Zielgruppen interessant: er wurde mehr und mehr zum Auto für die Dame und die Jugend.
In seinem Heimatland erreichte der 500 in jenen Jahren Rekord-Absatzzahlen mit 333.744 bzw. 351.477 Einheiten. Dennoch machte sich Fiat allmählich Gedanken um einen Nachfolger und begann die Arbeiten an einem echt viersitzigen Kleinwagen; dieser erschien 1972 in Gestalt des Fiat 126.
Die Modifikationen am 500 fielen recht bescheiden aus. Ab September 1969 saß das Zündschloss nicht mehr in der Mitte des Armaturenbretts, sondern an der Lenksäule; ab Januar 1970 wurde die Giardiniera nur noch in ausgewählten Märkten angeboten (in Deutschland war sie ja schon zuvor entfallen); die Limousinen erhielten serienmäßig Sicherheitsgurte für die Vordersitze.
Die Preise lagen seinerzeit bei DM 3600,- für den 500 F und DM 3850,- für den 500 L.

Pariser Salon 1968. Der auf 22 Liter vergrößerte Tank nimmt nun die ganze Breite des Kofferraums in Anspruch. Der Einfüllstutzen trägt eine Kunststoffverkleidung.

Die hinteren Stoßbügel schützten die Ecken und erwiesen sich vor allem im Stadtverkehr als praktisch.

In den sechziger Jahren war die Giardiniera eine feste Größe auf dem Kombimarkt. Für sie sprachen der niedrige Preis, im Raumangebot und bei den Fahrleistungen war sie den Konkurrenten, etwa dem Ford Escort oder dem Citroen Ami 6, hoffnungslos unterlegen. Neben dem 500 L gab es auch noch die Normalausführung. Oben ein Prospekt für den 500 F aus dem Jahre 1970.

Giannini

Domenico Giannini war Fiat-Tuner und ein ernsthafter Abarth-Konkurrent. Schon bald interessierte er sich für den 500 und entwickelte auf dessen Basis Sparmobile, eine Elektroversion und natürlich Sportvarianten. Der Innenraum aller Modelle zeigte sich sportlich inspiriert. Beim Turiner Salon 1962 zeigte Giannini den 500 TV Monte-Carlo mit Chromradkappen, Zierleisten an Schwellern und auf der Motorhaube, Dreispeichen-Sportlenkrad und umfangreiche Instrumentierung mit Drehzahlmesser, Tacho, Tankuhr und Ölthermometer. Die Leistung betrug 27 PS, die Höchstgeschwindigkeit 120 km/h.

1964 erschien der TVS, mit 29 PS um zwei PS stärker als der Monte-Carlo. Daneben gab es den 590 GT zu kaufen, dessen Motor statt 498 cm^3 586 cm^3 maß, in der Leistung aber dem TVS entsprach.

Ebenfalls 1964 brachte Giannini den 590 GTS als sportlichste Version, 35 PS stark und über 130 km/h schnell. Zwei Jahre später debütierte ein Coupé mit Frua-Karosserie, das dem Fiat 850 nicht unähnlich sah, aber auf dem 500 basierte und von einem luftgekühlten, 36 PS starken Vierzylinder-Boxer angetrieben wurde und ebenfalls über 130 km/h lief. 1967 folgte der 500 Elettrica, der nur mehr drei Personen Platz bot, weil die Batterien einen enormen Platzbedarf hatten. Der Elettrica wurde von vier 12V-Batterien angetrieben, die eine Reichweite von 100 Kilometern und eine Spitze von 50 km/h ermöglichten. 1972 schließlich stellte man einen kleinen Buggy auf Basis des 500 vor, dessen Motor auf 650 cm^3 vergrößert war; ebenfalls neu war der 650 NP (652 cm^3, 32 PS, 130 km/h).

1973 und 1974 bot Giannini den 500 RTV mit der Technik des 126

Fiat 500 R TV Giannini mit dem Motor des Fiat 126. Dieses Modell bot ein komfortableres Interieur und war immerhin 120 km/h schnell.

Gianninis 500 TV erhielt die Ausstattung des 500 L, besaß aber einen stärkeren und elastischeren Motor als dieser. Mit seinem zivilen Charme lud er zur kuscheligen Romantik ein, wie hier rechts zu sehen.

an (594 cm³, 27 PS, 120 km/h); auch von diesem Auto gab es eine schärfere Version, den 500 R GT (694 cm³, 34,5 PS, 130 km/h). Am anderen Ende der Skala rangierte der 350 EC Giannini, mit verkleinertem 390-cm³-Motor und 16,5 PS.
1992 stand der 500 so hoch im Kurs, dass Giannini seinen 590 Corsa Replica auflegte. Dabei handelte es sich um renovierte und zu Sportversionen umgebaute, gebrauchte Original-500er. Aus Gründen der Steifigkeit erhielt der Replica einen Überrollbügel und ein Stahldach; innen gab es Schalensitze, Sportinstrumente und Sportlenkrad. Motor und Getriebe stammten aus dem Fiat 126; mit Doppelvergaser und Sportauspuff kam die Maschine auf 35 PS, die für eine Spitze von knapp über 135 km/h sorgten. Alle 200 Exemplare waren umgehend verkauft, trotz eines Preises von gut 30.000 Mark – aber der hielt die Käufer nicht ab.

1967 brachte Giannini einen 500 mit Elektroantrieb. Vier 12-Volt-Batterien sorgen für ein Tempo von 50 km/h und 100 Kilometer Reichweite.

1971

Ich bin schon vierzehn!

Mittlerweile war der Fiat 500 vierzehn Jahre alt; wir wollen einmal schauen, ob er in Würde gealtert war.
Die Last des Alters bekam vor allem die Karosserie zu spüren, die über Gebühr zum Rostbefall neigte. Besonders anfällig waren Bodenblech, Schweller, Radhäuser, Kofferraum, Batteriekasten und die Aufnahme der Fronthaube. Ein weiterer Schwachpunkt: das unsynchronisierte Getriebe verschliss recht schnell. Nach Ansicht eines Mechanikers war es ratsam (und ist es wohl auch für heutige Besitzer), regelmäßig die Achsschenkel zu prüfen und zu schmieren, und nach dem Riemen der Lichtmaschine zu schauen. Eine Prüfung wert ist auch, ob die Kühlluft im Kühlsystem ankommt.
In der Fachpresse wurden weiterhin Bremsen, Straßenlage, Heizung und Verbrauch gelobt. Getadelt wurden dagegen, zumal angesichts der moderneren Konkurrenz, das unsynchronisierte Getriebe, der geringe Komfort und der mickrige Kofferraum.
Ausstattungsmäßig bekam der 500 ab 1971 serienmäßig einen Außenrückspiegel spendiert.
Der Preis lag 1971 nach wie vor bei DM 3600,– für den 500 F und DM 3850,– für den 500 L.

FIAT 500 L

La Fiat 500 L, c'est la voiture de ville idéale, la "passe-partout" sans rivale qui trouve toujours le moyen de s'échapper des encombrements et de stationner quand toutes les places sont prises. C'est

la voiture des hommes d'affaires à l'heure, des femmes occupées - enfants qu'on conduit à l'école, marché qu'on fait pour la semaine, shopping entre deux rendez-vous. Les week-end, c'est la route buis-

sonnière, le plaisir de flâner, toit grand ouvert. La Fiat 500 L est aussi séduisante qu'efficace et son élégance et sa finition luxueuse risquent bien de faire oublier la modestie de son prix et sa sobriété.

Groß im Bild die Vordersitze, die sich über einen Hebel rechts verstellen ließen. Um den Zugang zum Fond zu vereinfachen, konnte man sie auch komplett nach vorne klappen.

Der Nummernschildträger bestand seit 1966 nicht mehr aus Aluminium, sondern aus metallisiertem Kunststoff.

1972

R wie rüstig

Die Besucher des Turiner Salons konnten 1972 auf dem Fiat-Stand gleich zwei Neuheiten bewundern. Zum einen den 126 als Nachfolger des 500 mit von diesem abgeleiteten Motor (594 cm^3, 23 DIN-PS); dieser wurde ab März 1973 auch exportiert, wenngleich mit mäßigem Erfolg. Zum anderen aber den 500 R (für rinnovata, überholt) mit überarbeiteter Technik, namentlich mit vollsynchronisiertem Getriebe. Die Maschine stammte aus dem 126, die Karosserie aber erinnerte mit ihrem fehlenden Chromschmuck an die allerersten 500; an seiner Front prangte das neue Fiat-Markenzeichen in Form eines Parallelogramms.

Der 500 R gelangte nicht mehr auf allen Märkten zur Auslieferung. Wo es ihn nicht gab, wurden die bisherigen Limousinen unverändert weiterhin angeboten.

Der 500 R, der nicht mehr exportiert wurde, trat ohne den Chromschmuck des L auf.

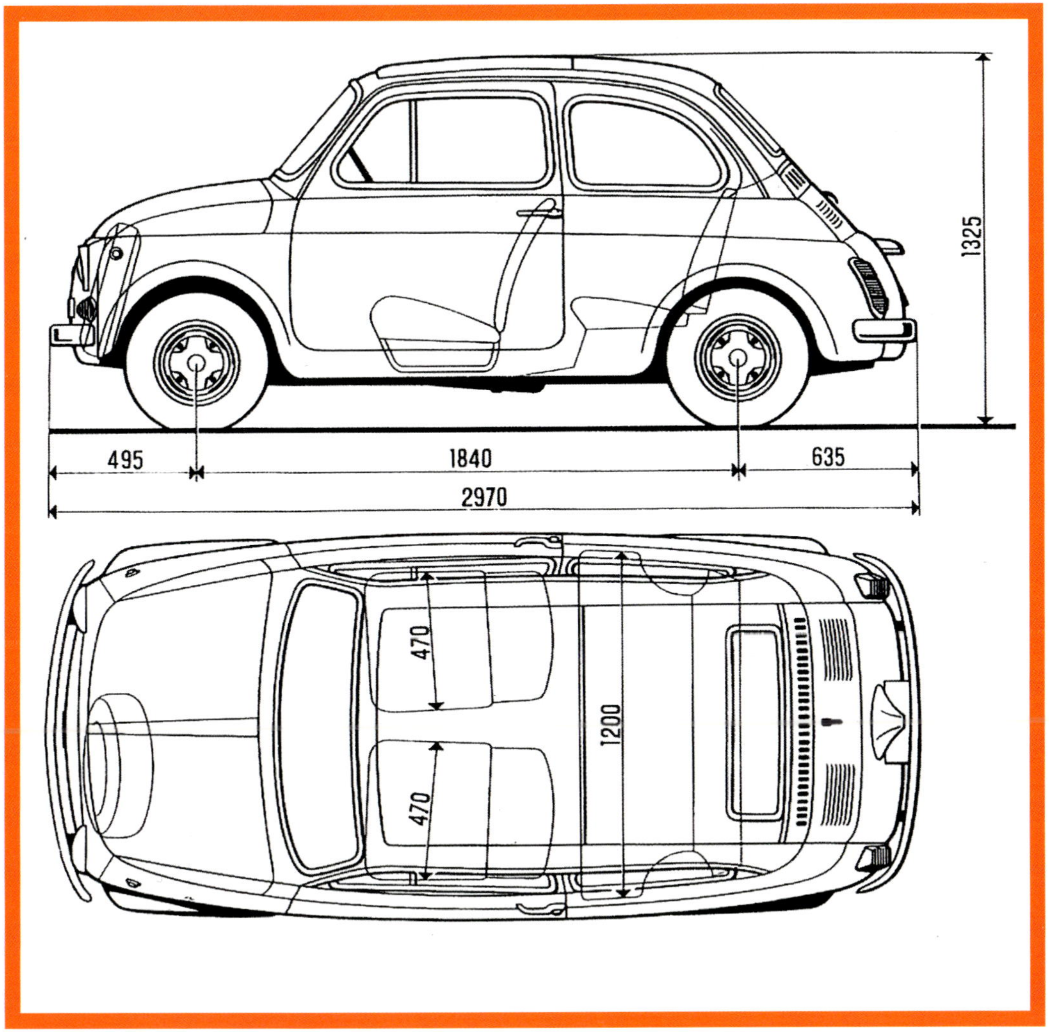

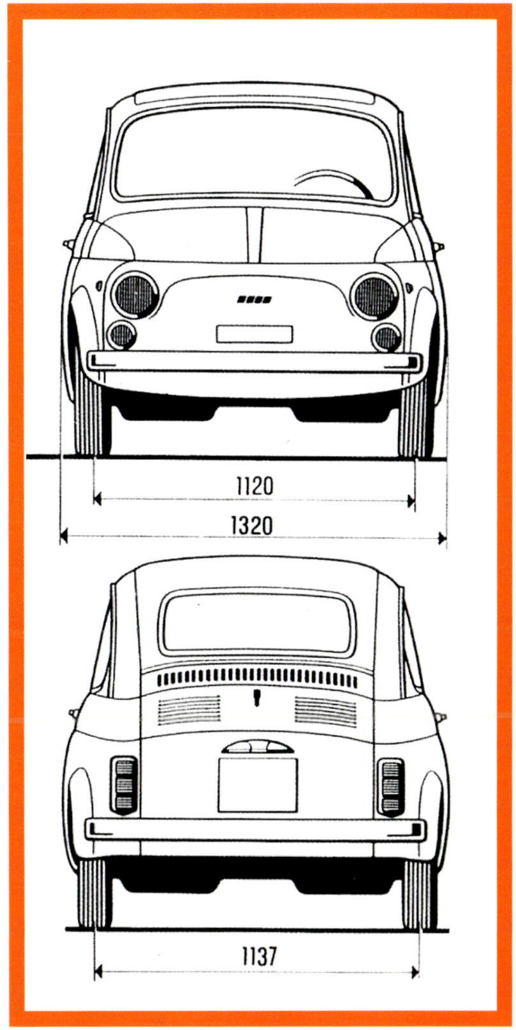

Die Außenmaße des 500 R entsprachen noch immer der ersten Ausführung, wie diese Prospektskizzen belegen. Die vier Schalter am Armaturenbrett entsprechen ihren Pendants im 500 F, bestanden im R aber aus schwarzem Kunststoff. Die wichtigste Änderung betraf den vergrößerten Hubraum.

Enttäuschte Hoffnungen

Auf dem Turiner Salon 1972 wurde ein neuer kleiner Fiat vorgestellt. Der 126 sollte mittelfristig den 500 ersetzen. Fast genauso klein wie sein Vorgänger, aber eckiger geformt, gingen die Jahre am 126 wesentlich weniger gnädig vorüber.

Der 126 bot keine Aufsehen erregenden Innovationen. Im Heck ruhte der auf 594 cm³ vergrößerte luftgekühlte Reihenzweizylinder aus dem 500. Die Höchstgeschwindigkeit lag bei etwa 105 km/h.

Das Armaturenbrett war mit einem Kunstlederbezug gepolstert. Das runde Kombiinstrument mit Blendschutzhaube vereinigte Tachometer, Kilometerzähler, Tankuhr und diverse Warnleuchten.

Die selbsttragende Karosserie des 126 war 305,4 cm lang, 137,7 cm breit und 133,5 cm hoch, also einen Hauch größer als im Falle des 500.

1973

Ein Mythos entsteht

Der 594 cm³ messende Motor, welcher den 500 R mühelos 100 km/h schnell machte.

Immer noch sprach der 500 die nach Unabhängigkeit strebende Jugend an. In den Prospekten für den R posierten häufig junge Damen mit Schlaghosen und Plateauschuhen.

In diesem Jahr begann der Export des 126, was dem 500 den Todesstoß versetzen sollte. Er blieb im Angebot....solange der Vorrat reichte. In Italien wurden die letzten Exemplare des 500 R im Jahre 1975 verkauft, während die Produktion der Autobianchi Giardiniera 1976 auslief. Eine Ära ging zu Ende!
Aber ganz ohne Nostalgie betrachtet, hatte der 500 noch eine zweifache Karriere vor sich. Zum einen blieb er mit seiner Wendigkeit im Stadtverkehr immer noch unübertroffen und unersetzbar, zum anderen, noch schmeichelhafter, erlangte er nach und nach den Status eines Sammlerautos. Der 500 wird mittlerweile gesucht (vor allem in seiner Ausführung vor 1965 mit den Selbstmördertüren; diese Exemplare sind inzwischen rar geworden), gehegt und gepflegt; seit den achtziger Jahren gab es auch erste Clubs von begeisterten Fans.
Wer sich heute einen Fiat 500 kaufen will, sollte wissen, dass gute Exemplare ihren Preis haben.
Ob als Gebrauchsmobil, als Sammlerauto, ob "Floh", "Rennsemmel" oder "Joghurtbecher", der 500 begeisterte stets das Publikum und man liegt wohl nicht falsch, wenn man ihm eine glänzende Zukunft als Klassiker prophezeit. Ganz davon zu schweigen, dass er einen großen kommerziellen Erfolg für Fiat und damit einen Meilenstein der Autogeschichte darstellt.

Das Sonnendach erfreute auch in den siebziger Jahren die Frischluftfreunde.

Weit entfernt die Tage des L. Die letzte Serie präsentierte sich wieder sehr nüchtern mit minimalistischem Kombiinstrument und Lenkrad.

Von klein an!

Seinem Schicksal kann man nicht entkommen. Dieser kleine Blondschopf hat vom Christkind einen altersgerechten 500 bekommen – in Rot, wie es sich gehört. Die Ausstattung umfasste eine sonore Tröte, zwei Sitzplätze und ein hübsches schwarzes Lenkrad. Die Technik mit ihren zwei Pedalen fürchtete nichts und niemanden. Lustige Fahrten in der Stadt und am Strand waren inklusive.

Heute besitzt der erwachsene Knabe echte 500er und hat seinem Lieblingsauto ein ganzes Buch gewidmet. Sie halten es in Händen.

M. C. L.

Moretti

Giovanni Moretti, 1904 in Reggio Emilia geboren, ging im Alter von 16 Jahren nach Turin, wo er sich bei der Motorradfabrik Elettra verdingte. 1925 eröffnete er eine kleine eigene Werkstatt und entwarf eine 175er-Maschine, mit der er auch erfolgreich an Rennen teilnahm. Im Jahre 1927 zeigte er sein erstes Automobil, ein zweisitziges Cabriolet mit Heckmotor. Nach einer erfolgreichen Zeit als Automobilhersteller zog sich Moretti 1957 zurück; ihm war klar, dass er mit den großen Marken nicht länger konkurrieren konnte. Fortan konzentrierte er sich ganz auf den Bau von Sonderkarosserien. Auf dem Turiner Salon 1957 stellte er zwei Modelle vor, den Fiat 500 Camping und ein 500 Coupé. 1959 brachte Moretti einen 500 mit Frontmotor und Vorderradantrieb, 1960 seine Version der 500 Giardiniera, die optisch nicht im Geringsten an den Fiat-Kombi erinnerte; die Moretti-Variante bot über dem Laderaum ein von hinten nach vorne öffnendes Stoffklappdach, womit auch hoch bauende Güter transportiert werden konnten.

1965 erschien der Moretti 500 S, eine Abart des Fiat 500 D mit 499-cm^3-Motor, 30 PS stark, 118 km/h schnell.

1967 folgte eine Elektroversion. Das Auto besaß sechs Bleibatterien, drei vorne und drei hinten im Wagen untergebracht, die einen Motor im Heck speisten. Die Reichweite betrug 100 Kilometer, die Spitze 50 km/h und zum Laden der Batterien genügte eine einfache Steckdose. Im gleichen Jahr präsentierte Moretti ein 500 Coupé, das formal an den Fiat 850 erinnerte. Unter der Fronthaube steckte ein wirklich brauchbarer Kofferraum, der Heckmotor war durch eine große Klappe gut zugänglich. Der Innenraum zeigte sich eines kleinen, aber feinen 2+2 durchaus würdig. Dieses Modell war mit zwei Motorisierungen lieferbar, entweder dem serienmäßigen Motor des Nuova 500 oder mit der Maschine aus dem Abarth 595 SS.

Prospektblatt für die Moretti 500 Coupé und Moretti 595 SS Abarth, 1967.

Moretti 500 Minimaxi, ein kleines, offenes Freizeitfahrzeug für vier ohne Türen, vorgestellt 1972.

Die Moretti 500 Giardiniera erschien im April 1960. Das von hinten nach vorne zu öffnende Klappdach über dem Laderaum erleichterte den Transport sperriger Güter.

Steyr-Puch

Titelblatt eines Prospektes für die Modelle 650 TR und 650 TR2.

Waffen...

Bei Steyr handelt es sich um eine 1894 in Steyr bei Graz von Josef Verndl gegründete Waffenfabrik, die später auch Fahrräder und, im Ersten Weltkrieg, auch Flugmotoren herstellte. Danach wandte man sich dem Automobilbau zu. 1934 fusionierten die Steyr-Werke mit Austro-Daimler-Puch zur Steyr-Daimler-Puch AG.

Nach dem Zweiten Weltkrieg begann man mit dem Lizenzbau von Fiat-Modellen, die in Österreich unter dem Markennamen Steyr-Puch vermarktet wurden.

...und Fahrräder

1891 gründete Johann Puch in Graz eine Fahrradfabrik, die bald prosperierte. Mit Austro-Daimler und Austro-Fiat unterzeichnete man 1928 ein Abkommen, das die Fusion der drei Firmen zum Inhalt hatte. So kam es zur Austro-Daimler-Puch AG, der sich bald darauf Steyr anschloss. Das Konglomerat nannte sich nun Steyr-Daimler-Puch AG. 1959 wurde im Werk Graz die Automobilfertigung wieder aufgenommen, und zwar wurde dort der Fiat 500 montiert, der aber im Unterschied zum Original einen luftgekühlten Zweizylinder-Boxermotor erhielt; der Hubraum lag bei 650 cm^3.

Später kamen weitere Ausführungen hinzu, darunter ein 500 D und 500 DL (Luxus). Ferner standen im Programm die Steyr-Puch Giardiniera 700 C mit größerem Hubraum und synchronisiertem Getriebe (vorübergehend gab es auch einen Kombi 700 E(conomica) mit dem 19,8 PS starken Motor des 650T) und

Steyr-Puch 700 Giardiniera mit zweiteiligen Rädern und Chromschmuck an der Front.

Blick auf den Motor des 650 TR. Gut zu sehen das Lüfterrad für die Motorkühlung und der große Luftfilter.

Deutschsprachiger Prospekt für den Steyr-Puch 500.

eben der 650T, der über einen Zierschnurrbart an der Wagenfront, zweiteilige Räder und zusätzliche Lüftungsschlitze in der Motorhaube verfügte. Nicht zu vergessen der 650TR als kleiner Tourenwagen, der aus 660 cm³ 34 PS holte und 143 km/h schnell war. Auf dessen Basis gab es auch eine Rennversion in Gestalt des 650TR 2, der die Motorsporthomologation für die Gruppe 2 besaß. Hier leistete der 660-cm³-Motor 43 PS, die den Wagen bis auf 160 km/h trieben. Steyr-Puch nahm damals häufig an Rallyes teil, und das polnische Paar Sobieslaw und Eva Zasada holte für die österreichische Marke manchen Lorbeer. In den Siegerlisten der Jahre 1964 bis 1966 tauchten die beiden immer wieder auf.

Von den Puch-Modellen wurden in den sechziger Jahren ein paar hundert Exemplare pro Jahr in Deutschland abgesetzt. 1965 zeigte man auf Basis des 650 T den Prototyp eines kleinen Spider, der aber nicht in Serie ging.

Frankreich-Premiere des Steyr-Puch 650 TR2, eines tüchtigen Rallyefahrzeugs.

Atempause für das Zasada-Team bei der Rallye Monte Carlo 1965. Das Paar belegte in seiner Klasse den ersten und insgesamt den achtzehnten Platz, hinter den Porsche und Austin Cooper.

Der Steyr-Puch 500 D unterschied sich vom Fiat-Original durch den Chromschmuck an der Wagenfront, die Felgen, die größere Heckscheibe und die geänderte Dachlinie.

Die Zasadas auf Schnee bei der Rallye Monte Carlo 1965. Am Ende wurden sie erste in ihrer Klasse vor weiteren Steyr-Puch.

Ein Steyr-Puch aus Zürich bei der Rallye Lyon-Charbonnières 1965. Der Puch fühlte sich bei Rallyes erst richtig wohl.

Ein 650 T in voller Fahrt bei der Rallye Monte Carlo 1966. Die Zuschauer bestaunen den rasenden Zwerg.

Autobianchi

1955 gründeten drei bekannte Namen der italienischen Autoszene die Marke Autobianchi, nämlich Bianchi (gegründet 1899), die Pirelli-Werke und Fiat, der Turiner Gigant. Zweck der Übung war es, Fiat eine Plattform für die Vermarktung luxuriöserer Varianten zu geben.

Auf dem Turiner Salon 1957 stand dann als erstes Produkt der neuen Marke die Bianchina, die technisch auf dem 500 basierte, aber eine luxuriösere, selbsttragende Karosserie von gänzlich anderem Aussehen besaß.

Dieses Wägelchen entsprach technisch dem gleichzeitig vorgestellten Nuova 500, hatte aber eine von Fabio Luigi Rapi gezeichnete, recht elegante Karosserie und war äußerst günstig in Anschaffung und Unterhalt. Der Zweizylinder-Reihenmotor im Heck leistete 15 oder auf Wunsch 16,5 PS und maß 479 cm^3. Im Vergleich zum Fiat 500 war lediglich die Luftkühlung der Maschine modifiziert worden.

Obwohl die Bianchina ein reiner Zweisitzer mit winziger Rücksitzbank war, konnten im ersten Jahr

1963 stellte Autobianchi das Bianchina Cabriolet vor, das auf manchen Exportmärkten den Namen Eden Roc trug. Wie die anderen damaligen Autobianchi-Modelle besaß das Cabrio die Technik des Fiat 500, allerdings um den Motor des 500 Sport aufgewertet.

Das Bianchina Cabriolet mit seinem eleganten Profil war 110 km/h schnell.

Das Verdeck des Bianchina Cabriolet ließ sich in einer knappen Minute abklappen. Zu seiner Zeit war es das kleinste Serien-Cabriolet der Welt. Nur ein Extra war ab Werk lieferbar, nämlich ein Hardtop für den Ganzjahresbetrieb. Der Motor stammte vom Fiat 500 Sport.

Anzeige in einer italienischen Zeitschrift für das Bianchina Cabriolet.

Die Bianchina Berlina, ein elegantes Coupé mit großem Rolldach und der Technik des Fiat 500.

Bianchina Furgonetta, ein eleganter, robuster und praktischer Kleinlieferwagen. Für ihre Größe bot die Furgonetta einen überraschend geräumigen Laderaum. Die Technik inklusive Flachmotor stammte von der 500 Giardiniera.

Der knapp geschnittene Kofferraum der Bianchina Berlina war mit dem großen Tank und dem Reserverad praktisch schon voll. Gepäck brachte man am besten hinter den Sitzen unter.

über 11.000 Exemplare das Werk Desio verlassen. Dieser unbestreitbare Erfolg veranlasste das Management, mehrere weitere Modelle ins Auge zu fassen. Bald erschienen die Bianchina Speciale, die zweitürigen Normale und Speciale, der Kombi Panoramica, eine Cabrioversion und ein für seine Größe recht geräumiger Lieferwagen.

1968 stellte Fiat die Produktion der 500 Giardiniera ein; von da an bis Ende 1976 übernahm Autobianchi deren Herstellung.

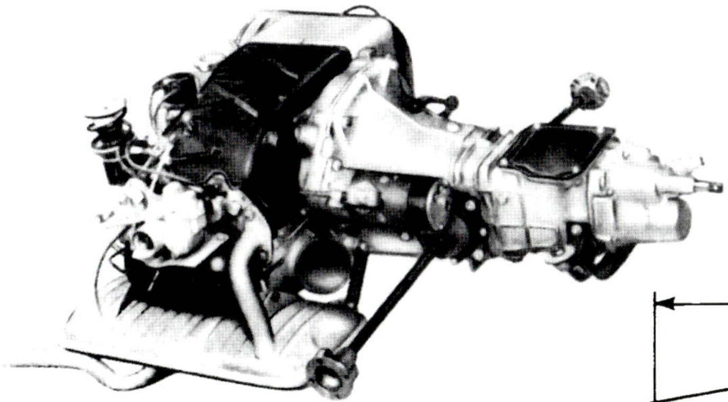

Der Flachmotor aus der Giardiniera trieb auch die Furgonetta an.

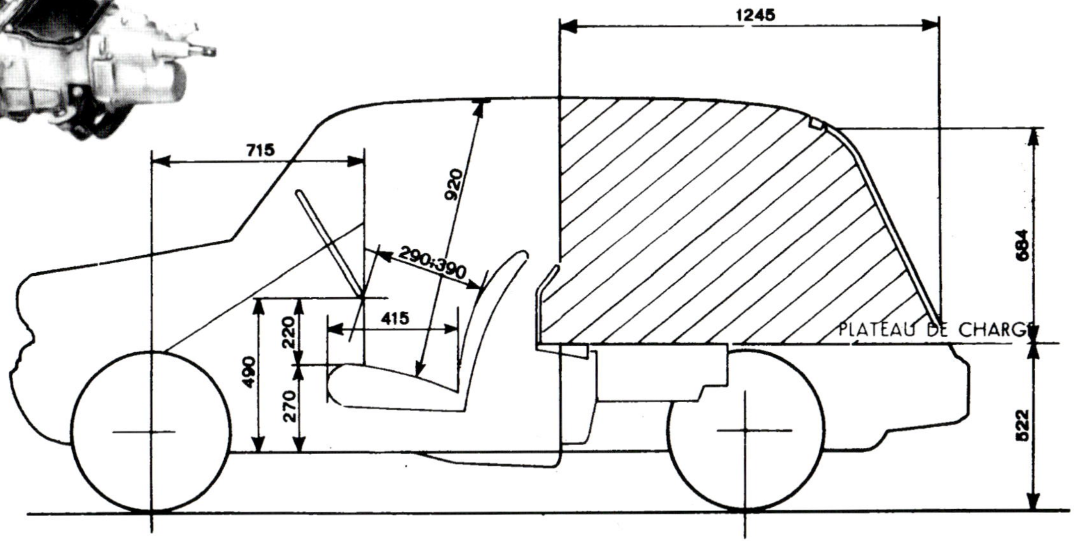

Maßzeichnungen der Furgonetta. Die Lademöglichkeiten waren erstaunlich, fast 1000 Liter ließen sich im Heck unterbringen.

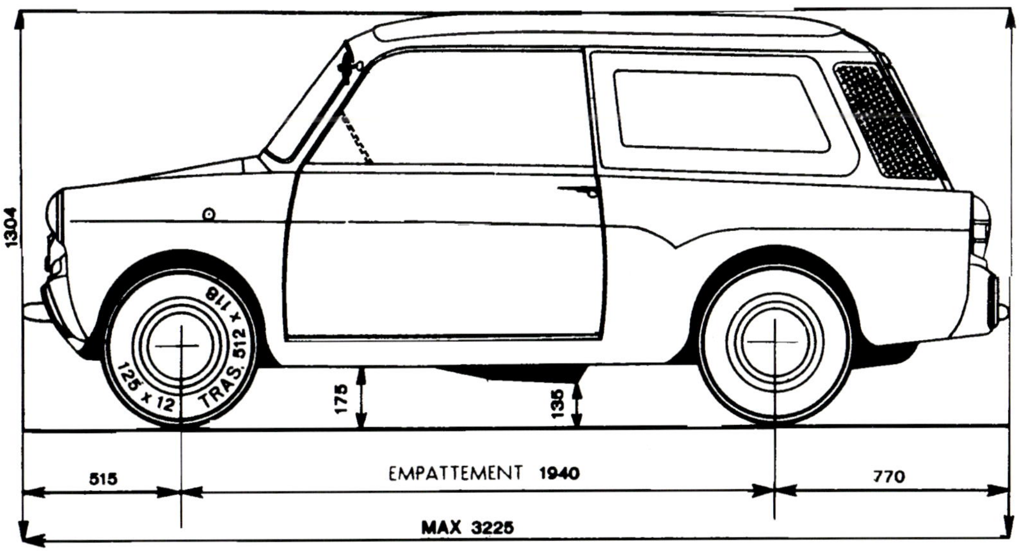

Die Bianchina Panoramica war die zivile Ausführung der Furgonetta und besaß, bei unveränderter Technik, Schiebefenster hinten und überhaupt eine etwas weniger spartanische Ausstattung.

Die Bianchina Berlina übernahm den Motor vom Fiat 500.

1968 übernahm Autobianchi von Fiat die Fertigung der Giardiniera, die von da an auf den Namen Autobianchi Bianchina Giardiniera hörte. Einzige damit verbundene Änderungen: die Lufteinlässe am Heck bestanden nun nicht mehr aus Plastik, sondern aus poliertem Metall; dafür waren die hinteren Seitenscheiben nicht mehr mit Schiebefenstern versehen.

Armaturenbrett der Bianchina Speciale, wie es auch in den anderen Modellen der Marke Verwendung fand. Der schwarze Instrumententräger mit bronzefarbenem Grund war oval geformt und umfasste folgende Instrumente: Tacho, Kilometerzähler, Tankuhr, Kontrollleuchten für Batteriespannung und Öldruck. In der Mitte des Armaturenbrettes das Zündschloss, daneben Kontrollleuchten für Licht und Blinker sowie drei Schalter.

NSU-Fiat

1929 verkaufte NSU sein Werk Heilbronn an Fiat; fortan wurden dort unter dem Markennamen NSU-Fiat Fiat-Modelle und Derivate gefertigt. Nach dem Zweiten Weltkrieg wurde diese Praxis fortgesetzt. Neben mehr oder weniger unverändert übernommenen Fiat-Modellen gab es als Besonderheit die NSU-Fiat Weinsberg-Ausführungen, zwei kleine Zweisitzer auf Basis des Fiat 500.

Dieser besondere NSU-Fiat besaß die auf 100 PS getunte Maschine des NSU TTS und war damit über 190 km/h schnell. Die vierhundert Meter mit stehendem Start durcheilte er in 15 Sekunden. Leider kam es nicht zu einer Serienfertigung.

NSU-Fiat Weinsberg Limousette mit Sonderkarosserie. Auffällig der Chromschmuck, die Zweifarbenlackierung, der an Alfa-Grills erinnernde Chromschmuck am Wagenbug, die lange Fronthaube und die an den Vignale Gamine gemahnende Motorhaube (1962).

Den NSU-Fiat Weinsberg gab es auch in einer Coupé-Ausführung, die 1962 vorgestellt wurde. Anders als bei der Limousette waren das Armaturenbrett (das in diesem Fall vom Autobianchi stammte) und die Panorama-Heckscheibe. Die Technik kam in beiden Fällen vom Fiat 500 D.

Viotti

Die 1931 gegründete Karosseriefabrik wurde besonders durch ihre Kombiversionen der Fiat 1300 und 1500 sowie Coupé-Aufbauten für die Fiat 1500 und 1600 bekannt, die auf den Namen Grande Vue hörten. 1961 realisierte Viotti ein Cabriolet auf dem Fiat 500. 1964 musste die Firma wegen mangelnden Erfolges ihre Tore schließen.

Viottis Fiat 500 hörte auf den Spitznamen Froschauge. Grund hierfür waren natürlich die in die Fronthaube integrierten Scheinwerfer.

Die zweite Besonderheit: die Frontscheibe ließ sich in die Karosserie versenken.

Fervès

Der Geländewagenspezialist Fervès überraschte 1966/67 mit den Modellen Ranger und Cargo, die es mit Heck- oder Allradantrieb zu kaufen gab. Im letzteren Falle war der Frontantrieb zuschaltbar.

Ein Fervès Cargo bei der Rallye Infernal 1969. Der Cargo war ein Zweisitzer mit großer Gepäckablage. Mit Spezialgetriebe und Reifen von variablem Luftdruck war der Wagen ein veritabler Springinsfeld, auch wenn er auf dem Fiat 500 basierte.

Der Fervès Ranger basierte ebenfalls auf dem Fiat 500, besaß aber Bremsen und Stoßdämpfer vom 600. Das kleine, viersitzige Freizeitfahrzeug verfügte über ein Klappverdeck sowie abnehmbare Windschutzscheibe und Türen.

Vignale

Die Carrozzeria Vignale zählte zu den wenigen Firmen der Branche, die erst nach dem Zweiten Weltkrieg gegründet wurde, und zwar im Oktober 1946. Alfredo Vignale, damals 35 Jahre alt, hatte bei Farina bereits umfangreiche Erfahrung im Karosseriebau gewonnen. Sein Erstling war ein 500 Topolino, den er auf einem gebrauchten Chassis aufbaute. Seine zweite Schöpfung: ein Fiat 1100 Cabriolet, das 1947 beim Concours d´Elégance in Turin einen zweiten Preis gewann.

Dieser Prospekt wurde auf dem Turiner Salon 1967 verteilt.

Der Vignale Gamine war ein kleines zweisitziges Spaßcabrio auf Basis des Fiat 500. Bemerkenswert der Kühlergrill im Retro-Look, der Haltebügel hinter den Sitzen und ein kleines Sportlenkrad mit zwei Metallspeichen. Einziges Extra war ein kleines Hardtop zum Schutz vor der kalten Jahreszeit. Der Stil des Wagens erinnerte an englische Vorkriegs-Roadster.

Lombardi

Francis Lombardi eröffnete 1938 seine Karosseriewerkstatt und widmete sich besonders den kleineren Fiat-Modellen. Bei Lombardi wurden zu besten Zeiten 15 Autos pro Tag hergestellt. 1967 präsentierte Lombardi auf dem Turiner Salon einen Giannini 590 GT mit Stahldach, speziellem Frontzierrat und überarbeitetem Innenraum, der durch ein Spezial-Armaturenbrett gefiel.

Der Lombardi My Car war recht gut ausgestattet: Sitze mit Kunstlederbezug, reichhaltigeres Armaturenbrett, retuschierte Frontpartie, Pseudo-Kühlergrill, Sportblende über der Heckscheibe und Luxusradkappen. Den Wagen gab es mit oder ohne Klappdach.

Lombardi Maggiolina: das gleiche Auto als Cabriolet.

Erina

Auf dem Salon zu Turin des Jahres 1968 zeigte der italienische Lackfabrikant Glasurit ein kleines Cabriolet, dessen Aufbau die Fratelli Zanella in Parma realisiert hatten. Wie der Vignale Gamine ruhte dieses Auto auf der Technik des 500; Länge und Spurweiten waren sogar völlig unverändert, die Breite dagegen stieg um 7 cm. Anders ausgeführt als beim recht ähnlichen Gamine waren Kotflügel, Scheinwerfer, die umklappbare Frontscheibe, der Retro-Kühlergrill mit Zierfigur und die Trittbretter.
Der Innenraum mit seinen kunstlederbezogenen Sitzen bot Raum für zwei Personen; das Armaturenbrett bestand aus Holz und besaß ein mittig angeordnetes Kombiinstrument und einen Haltegriff für den Beifahrer.

Das kleine Cabriolet erinnerte vorne sehr stark an die klassischen Vorkriegs-Alfas.

Willam

Willam ist Spezialist für kleine Stadtwagen mit Kunststoffkarosserie. 1973 präsentierte die Firma auf dem Pariser Salon ein Modell auf Basis des Fiat 500, den Willam 500, mit Plastikkarosserie und Stoffschiebedach. Der Preis lag bei 10.000 Francs.

Der Willam besaß Radkappen, Scheinwerfer, Lenkrad, Armaturenbrett und Motor vom Fiat 500.

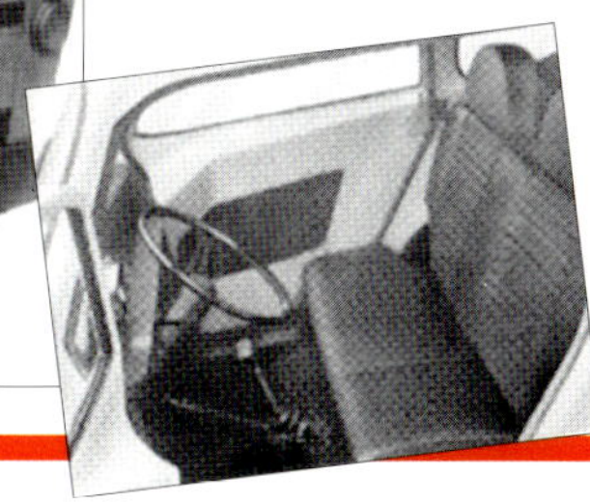

Pop

Nahe Mannheim verwandelte die Firma Pop den Fiat 500 zu einem entzückenden kleinen Cabriolet. In den Frontscheibenrahmen war ein Überrollbügel integriert, die Karosserie war verstärkt, um Verwindungen vorzubeugen. Die Autos waren ganz nach Wunsch des Kunden ausgestattet. Viele Exemplare trugen Aluräder, Frontspoiler, besondere Innenausstattung oder den Motor des Fiat 126 mit Einrohrauspuff usw. Der Wagen wurde auch in Frankreich angeboten.

In kurzer Zeit ließ sich das Verdeck abklappen und mit einer Persenning überziehen. Offen hatte man dann ein elegantes kleines Cabrio.

TPLV

Fiat 500 von TPLV, einem weiteren Karossier, der sich des Fiat 500 annahm und zum offenen Strandwagen umbaute.

Blick auf den von einer Holzleiste umrahmten Innenraum. Die Sitze bestanden aus einem schwarz lackierten Rohrgestell und den in dieser Klasse üblichen abwaschbaren Plastikbezügen. Die Rücksitzbank war sehr rudimentär ausgeführt.

500 Belvédère

Der 500 Belvédère war eine Ableitung vom Autobianchi Panoramica, von dem er Karosserie, Innenausstattung und die von der Giardiniera stammende Technik übernahm. Der 499,5 cm^3 messende Motor entstammte dem Fiat 500 Sport. Wie alle klassischen 500, besaß auch dieses Auto ein kleines Klappdach.

Selbsttragende Karosserie:

Länge	*3,225 m*
Breite	*1,340 m*
Radstand	*1,940 m*
Spur vorne	*1,121 m*
Spur hinten	*1,135 m*

Motor:
Flachmotor im Heck, Zweizylinder-Viertakter
Spitze:
über 95 km/h

Ein eleganter kleiner Kombi in zweifarbiger Livree. Von allen vier Plätzen genoss man eine gute Rundumsicht. Der Belvédère fühlte sich in der Stadt und auf der Landstraße gleich wohl.

Extratouren

Im Kino und in der Werbung der sechziger und siebziger Jahre war der Fiat 500 häufig anzutreffen. Heute sieht man ihn dort seltener, aber wenn es darum geht, nostalgische Gefühle zu wecken, steht der 500 noch immer hoch im Kurs. Diese Anzeige erschien im September 1994 in der Zeitschrift Elle und warb für Ungaro. Leder, Holz, elegante Farben...der pure Luxus!

Diese Gebrauchtwagenanzeige vom August 1993 stammt aus der japanischen Zeitschrift Car Magazine. Der sprachbegabte Leser kann dem Text entnehmen, dass der Wagen zwei Vorbesitzer hatte und ideal für die Stadt sei. Kilometerstand: 1460 km. Der 650-cm³-Motor stammt aus dem Fiat 126, nachträglich eingebaut. Leider ist kein Preis angegeben.

Zugegeben, dieser 500 befindet sich nicht gerade in bestem Zustand. Doch die Millionen Zuschauer, die Luc Bessons Film Le Grand Bleu (Im Rausch der Tiefe) sahen, erinnern sich bestimmt noch an Jean Reno und seinen rostigen und heruntergekommenen, aber stets abenteuerlustigen Fiat.

Chromes et légendes

FIAT 500

Il est rare qu'une petite automobile déclenche des passions qui durent aussi longtemps que celle suscitée par la Fiat 500. Construit à plusieurs millions d'exemplaires, ce jouet grandeur nature promène ses rondeurs et son bicylindre de 17,5 chevaux depuis plus de trente ans avec un succès égal. Véritable scooter sur 4 roues, La 500 reste l'exemple-type de la voiture urbaine, à la fois pratique et indémodable. Certains en sont fous au point de la traiter comme une reine. Ainsi, l'heureux propriétaire de ce modèle unique en son genre.

Gilles Salvador n'a pas hésité à pousser le raffinement à l'extrême en faisant assortir sa 500 (ci-dessous) à la Rolls Silver Wraith 55 ! Rien ne manque : intérieur cuir, moquette pure laine, tableau de bord en ronce de noyer et peinture 12 couches ! Plus modestement, une version standard se négocie dans les 15 000 francs.

Apparue durant l'été 57, la 500 a d'emblée connu un succès populaire foudroyant. Avec ses 2,97 mètres de long et son minuscule bicylindre à air développant seulement 17,5 ch, le « pot de yaourt » n'a rien d'un dragster : 95 km/h en pointe... Pourtant, elle n'en finit pas d'enthousiasmer les tifosi, qui apprécient autant ses formes dodues que son petit appétit (4 litres aux 100 kilomètres) et utilitaire, toute la famille peut la conduire. La Fiat 500 sera fabriquée jusqu'en 72 à un nombre record d'unités : 3 700 000 ! Une version plus « carrée » — la Giardiniera — viendra compléter la gamme aux côtés de la D, F et L, mais c'est la version Abarth, 595 SS et 696 SS, qui est la plus recherchée.

Pièces détachées

Réseau Fiat, Asepa : 100, avenue des Ternes, 75017 Paris. (16.1) 45.74.25.84. Etablissement Bovere, (16.1) 48.65.13.36. Aménagement intérieur : Ets Olson, 23 quai A. Sisley, 92300 Levallois-Perret.

A lire

Chez Epa., 83, rue de Rennes, 75015 Paris : *Mes quarante ans chez Fiat* par Dante Giacosa ; *Toute l'histoire de Fiat*, par D. Dubarry ; *Schrader motor Chronik Fiat 500 600*.

Club

Fiat 500 : 31, rue de l'Arcade 75008 Paris. Tél : (16.1) 42.65.33.73

LUI

FICHE TECHNIQUE

FIAT 500 D

Moteur 2 cylindres à plat, refroidis par air ; cyl. : 499,5 cm³ ; puiss. : 17,5 ch à 4 400 tr/mn ; carburateur Weber ; boîte : 4 vitesses + M.a ; vitesse maxi : 95 km/h.

Chassis : suspensions av et ar. à roues indépendantes, ressort à lames transversal avec amortisseurs télescopiques. Freins avec tambours mécaniques de 170 mm. Pneus : basse pression 125 x 12.

Dimensions : longueur : 2,97 m, largeur : 1,32 m, hauteur : 1,28 m, poids : 470 kg.

Mit über Vierzig darf sich der 500 inzwischen manche Freiheit herausnehmen... so wie hier in dem Magazin Lui vom Dezember 1989. Das Liebhaberauto besitzt Wurzelholz, englisches Leder und ein Holzlenkrad.

Manchmal schlägt der Zufall Kapriolen. Hier ein Schnappschuss, der drei Generationen der kleinen Fiat vereint zeigt: 500, 126 und Cinquecento. Aufgenommen 1994 in Imola.

Auch in der Kunst verewigte sich der Fiat 500. Und zwar als Teil des Meisterwerkes Long Term Parking von Arman, 1982. Im Bild lassen sich zwei Exemplare entdecken, ein schwarzes und ein ockergelbes. Im Original zu bewundern im Park der früheren Fondation Cartier in Jouy-en-Josas, Frankreich.

Hier sehen wir die Siegerin der Cinquecento Trophy des Jahres 1994, Priscille de Belloy, die außerdem für Louis Féraud modelt. Am 500 begeistert sie die Wendigkeit und der geringe Verbrauch.

Die Sammler

...unter den Damen

Besonders Frauen haben ihre Leidenschaft für den Fiat 500 entdeckt. Eine von ihnen, Camille, findet vor allem die Rundungen des Autos unwiderstehlich, seine Taille, „die ihrer eigenen angepasst ist", und seine praktische Seite: „Ich sammle unter anderem auch Werbetafeln, und in meinem Auto kann ich bei geöffnetem Verdeck problemlos meine neuesten Fundstücke unterbringen."

Claude hat bereits sechs 500er besessen, die regelmäßig bei der Karosseriefirma Lecoq restauriert wurden: „der Letzte war mir 17 Jahre lang treu", sagt sie.

Wie viele Frauen hat Claude nicht gerade eine übermäßige Affinität zur Mechanik und schätzt daher auch die Solidität und den geringen Wartungsaufwand des 500. Sein einziger Fehler? „Seine Verwundbarkeit gegenüber den auf den Straßen immer häufiger anzutreffenden Lastwagen."

...und unter den Herren

Die Rundungen und der „Puppen-Auto"-Aspekt sind auch die Argumente für die 500-Leidenschaft von Jésus, einem Automobilelektriker.

1990 hat er ein völlig heruntergekommenes Exemplar erworben, welches einer Totalrestaurierung bedurfte. „Das hat sich sehr lange hingezogen, über fünf Jahre, und es war schwierig, da das Fahrzeug zu diesem Zeitpunkt bei Sammlern besonders gefragt war. Das bedeutete nämlich leider, dass sich die Preise für Ersatzteile auf hohem Niveau bewegten." Zum Beispiel wurde ein Kotflügel damals mit 150 DM gehandelt, während man heute dafür etwa 70 DM bezahlen muss. Für Jésus hatte dieser Umstand zur Folge, dass sein kleiner Liebling – bis zur kleinsten Motorschraube grunderneuert und in Dunkelbau neu lackiert – an die 20.000,– DM kostete, ohne die investierte Arbeitszeit mit einzurechnen. „Aber für mich ist es vor allem eine Frage der Leidenschaft. Und außerdem ist es ein italienisches Fahrzeug, und das bedeutet auch etwas. Sozusagen ein Mythos."

Das „Rallye“-Abenteuer

Wer sagt denn, dass der 500 nur für die Strassen unserer Städte bestimmt sei? Jean-Marc Audra und Régis Lannois jedenfalls nicht. Die beiden beschlossen nämlich eines schönen Tages im Jahre 1993, an der Paris-Nordkap-Fahrt teilzunehmen. Hierbei handelt es sich um ein jährliches Treffen, das unter dem Motto Langstrecken-Rallye und Fotographie steht, und alten Fahrzeugen wie etwa 2 CV und R 4 vorbehalten ist.

Als Präsident des Fiat 500 Rhône-Alpes-Club votierte Audra natürlich für die Teilnahme mit einem „Floh“, und machte sich mit Régis auf die Suche nach einem etwas betagteren Gebrauchsexemplar, „um keine Gewissensbisse haben zu müssen, wenn wir es aufgrund einer Panne in fernen Gefilden zurücklassen müssten.“ Die Wahl fiel auf einen in einer Scheune stehenden 500 D aus dem Jahre 1961, das Geschenk eines Bauern, der ihn loswerden wollte.

Die Wiederherstellung des Fahrzeugs in einen fahrbaren Zustand stellte keine größeren Probleme dar und dank eines Sponsors erhielt der Fiat sogar eine nette Neulackierung. Zur technischen Vorbereitung auf die Rallye wurde das Fahrzeug mit zusätzlichen „Vitaminen“ versehen: Motor und Getriebe eines Fiat 126, ein Zusatztank sowie bequemere Sitze wurden montiert. Besonders Letztere sind für eine Rallye von annähernd 14000 Kilometer unerlässlich.

„Wir haben unser Fahrzeug auch mit einem Schutzgitter vor der Windschutzscheibe ausgerüstet, da es im Falle eines Bruchs der Scheibe wohl schwierig werden würde, Ersatz zu beschaffen...“

Einziges Unbill auf der großen Fahrt war denn auch ein Schlagloch: „wir fuhren etwa 60 km/h und die Sicht war schlecht. Prompt fielen wir in ein Loch, das beinahe genauso groß war wie unser ‚Joghurtbecher‘!“ Die Besatzung diagnostizierte eine zerstörte Vordernase und ein abgerissenes Getriebe. Die beiden Fahrer reparierten alles notdürftig in wenigen Stunden und konnten die Fahrt fortsetzen, um schließlich immerhin einen Platz unter den ersten dreißig von neunzig Teilnehmern zu erreichen.

Die Premiere des kleinen Fiat bei einer Langstreckenrallye hat Jean-Marc und Régis derart gut gefallen, dass sie gegenwärtig eine neue Fahrt vorbereiten... dieses mal in ein wärmeres Land. Ein 500er, der die Dünen überquert, das lässt doch auf große Erlebnisse hoffen!

Die Geschichte geht weiter

Die Ziffer 500 hat sich ihren festen Platz in der Automobilgeschichte erobert, seitdem sie erstmalig 1936 am 500 Topolino auftauchte. 1957 kam dann der Nuova 500, und ein drittes Mal, zum Ausklang des Jahrhunderts, überraschte Fiat mit dem Cinquecento; in diesen polyglotten Zeiten trägt er auf allen Märkten die italienische Bezeichnung.
1992 lanciert, teilte sich der Cinquecento mit seinen berühmten Vorgängern nicht nur den Namen, sondern auch das Revier; mit seiner kompakten Karosserie war er in erster Linie für den Stadtverkehr gedacht. Mit seinem geräumigen Interieur und dem brauchbaren Kofferraum war er seinen Verwandten aber eindeutig überlegen!
Ökologisch korrekt und zeitgemäß war der Cinquecento auch, denn er war zu einem großen Teil recycelbar und auch mit Elektroantrieb lieferbar.
Ende der neunziger Jahre wurde der Cinquecento durch den Seicento ersetzt.

Der Cinquecento bei seiner Pressevorstellung im Jahre 1992. Der Zweitürer besaß eine große Heckklappe.

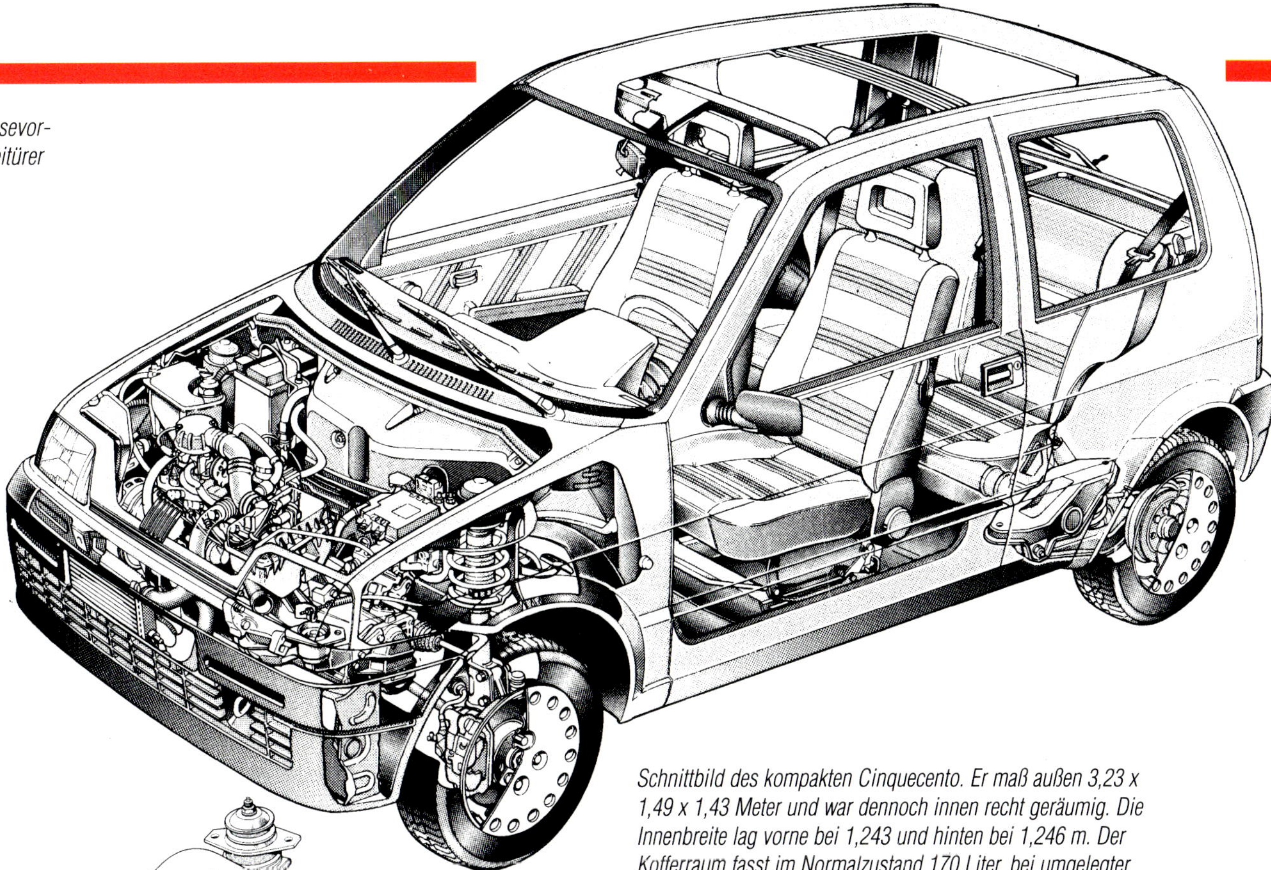

Schnittbild des kompakten Cinquecento. Er maß außen 3,23 x 1,49 x 1,43 Meter und war dennoch innen recht geräumig. Die Innenbreite lag vorne bei 1,243 und hinten bei 1,246 m. Der Kofferraum fasst im Normalzustand 170 Liter, bei umgelegter Rücksitzbank sogar 810 Liter.

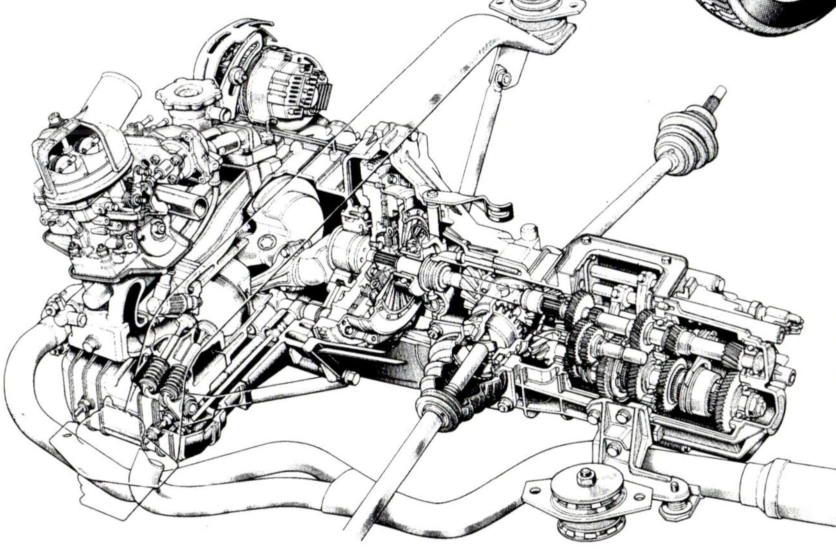

Eine „Öko"-Version des berühmten Reihenvierzylinders mit 903 cm^3 Hubraum, der bis dahin über sechs Millionen Mal gebaut worden war, trieb den Cinquecento an. Für bestimmte Märkte gab es den Wagen auch mit einem Zweizylindermotor von 704 cm^3, der noch sparsamer war.

Anhang

1. Produktions- und Zulassungszahlen

Leider sind weder für die einzelnen Jahre werksseitige Produktionsziffern erhältlich noch – laut Auskunft des Kraftfahrtbundesamtes – detailliert aufgeschlüsselte Zulassungszahlen für Deutschland vor 1972. Aus verschiedenen Quellen lassen sich folgende, lückenhafte, aber als zuverlässig anzusehende Zahlen beiziehen:

1.1. Produktionszahlen

Modell	Produktionszeit	Stückzahl
Nuova 500	1957-1960	181.078
500 D	1960-1965	640.520
500 F/L	1965-1972	2.272.092
500 R	1972-1975	235.744
Giardiniera	1960-1976	170.000
Sondermodelle	1957-1975	202.644
Summe	1957-1976	3.702.078

1.2. Zulassungen in Deutschland

	1961	1962	1963	1964
Fiat 500	14.219	15.637	14.304	11.622
Fiat 500 Kombi	2.760	1.634	(in Fiat 500 enthalten)	
NSU-Fiat Weinsberg	1.238	715		
Steyr-Puch 500	438	590	371	285
Bianchina 500	296	2		

	1965	1966	1967	1968	1969
Fiat 500	7.575	5.869	5.942	6.630	8.899
Fiat 500 Kombi	3	0			
Autob. Panorama	1.296	540	425	308	308
Bianchina	2	0	9	3	
Steyr-Puch	212	159	88	96	107
Abarth-Fiat 595	1	0			
Vignale Gamine	0	0	0	0	92

	1971	1972	1973	1974	1975
Fiat 500	12.787	12.281	5.938	2.784	680
Autob. Panorama	17		3		
Steyr-Puch		149		71	

2. Karosseriefarben (Bestellcode)

Rot (110)
Mittelrot (115)
Rot II (135)
Dunkelrot (156)
Weiß (233)
Elfenbein (234)
Hellelfenbein (214)
Hellgrün (363)
Oasengrün (383)
Wassergrün (N/A)
Azurblau (403)
Türkischblau (419)
Aquamarinblau (433)
Mittelblau (453)
Dunkelblau (456)
Hellblau (466)
Mittelblau II (469)
Pfauenblau (493)
Marineblau hell (486)
Himmelblau (491)
Entenblau (N/A)
Sandbeige (583)
Hellgrau (615)
Mittelgrau (653)
Dunkelgrau (634)
Stahlgrau (675)
Blassgrau (697)
Koralle (N/A)
Senfgelb (N/A)
Schwarz (N/A)

3. Ausgewählte Preise

Nachfolgend die Preise des Fiat 500 und der auf ihm basierenden Sondermodelle. Um die Preise einordnen zu können, ist als Referenz stets der Preis des günstigsten VW Käfer mit angegeben, für das Jahr 1957 auch die damals noch zahlreiche Konkurrenz der Roller- und Kleinstmobile. Da die Sondermodelle in Deutschland nur sporadisch oder gar nicht lieferbar waren, ist deren Preis im Ursprungsland angegeben; als Referenz dient hier der Preis des jeweiligen Fiat-500-Basismodells.

1957

Fiat 500	DM 3290,–
BMW Isetta 350	DM 2860,–
Fuldamobil	DM 3100,–
Goggomobil T 400	DM 3185,–
Heinkel Kabine	DM 2850,–
Maico 500	DM 3590,–
Messerschmitt 200	DM 2395,–
NSU Prinz I	DM 3655,–
Zündapp Janus	DM 3290,–
VW 1200	DM 3790,–
Italien:	
Fiat 500 Economica	L 465.000
Fiat 500 Normale	L 490.000

1958

Fiat 500 Standard	DM 2990,–
Fiat 500 Luxus	DM 3400,–
VW 1200	DM 3790,–
Italien:	
Fiat 500 Economica	L 465.000
Fiat 500 Normale	L 490.000
Fiat 500 Sport	L 560.000

1959

Fiat 500 Standard	DM 2890,–
Fiat 500 Luxus	DM 3290,–
Abarth 500 Coupé	DM 11500,–
VW 1200	DM 3790,–

1960

Fiat 500 Standard	DM 2890,–
Fiat 500 Luxus	DM 3290,–
Bianchina	DM 3570,–
Bianchina Spezial	DM 3970,–
Bianchina Cabriolet	DM 5250,–
Steyr-Puch 500D	DM 3750,–
VW 1200	DM 3790,–

1961

Fiat 500 D	DM 3090,–
Fiat 500 D Kombi	DM 3750,–
Bianchina	DM 3190,–
Bianchina Spezial	DM 3970,–
Bianchina Cabriolet	DM 5250,–
Steyr-Puch 500D	DM 3770,–
VW 1200	DM 3790,–

1962

Fiat 500 D	DM 3190,–
Fiat 500 D Kombi	DM 3850,–
Weinsberg Limousette	DM 3640,–
Weinsberg Coupé	DM 3640,–
Bianchina Spezial Coupé	DM 4100,–
Bianchina Spezial Cabriolet	DM 5430,–
Steyr-Puch 500	DM 3750,–
VW 1200	DM 4200,–
Italien:	
Fiat 500 D	L 450.000
Fiat 500 D Giardiniera	L 565.000
Bianchina 500	L 520.000
Bianchina 500 Speciale	L 570.000
Bianchina 4 Posti	L 525.000

1963

Fiat 500 D	DM 3190,–
Fiat 500 D Kombi	DM 3850,–
Steyr-Puch 500	DM 3875,–
Steyr-Puch 650 T	DM 3980,–
Steyr-Puch 700 C Kombi	DM 4965,–
VW 1200	DM 4200,–
Italien:	
Fiat 500 D	L 479.000
Fiat 500 D Giardiniera	L 598.000
Abarth 595	L 595.000
Bianchina	L 554.000
Bianchina Speciale	L 604.000
Bianchina 4 Posti	L 557.000

1964

Fiat 500 D	DM 3290,–
Fiat 500 D Kombi	DM 3990,–
Steyr-Puch 500 D	DM 3875,–
Steyr-Puch 650 T	DM 3980,–
Steyr-Puch 650 TR	DM 4820,–
Steyr-Puch 700 C Kombi	DM 4965,–
Bianchina Panorama	DM 4090,–
VW 1200	DM 4200,–
Italien:	
Fiat 500 D	L 483.000
Bianchina 4 Posti	L 563.000
Bianchina Cabriolet	L 679.000
Abarth 595	L 632.000
Abarth 695	L 678.000
Abarth 695 SS	L 735.000

1965

Fiat 500 F	DM 3350,–
Steyr-Puch 500 D	DM 3875,–
Steyr-Puch 650 T	DM 3980,–
Steyr-Puch 650 TR	DM 4820,–
Bianchina Panorama	DM 3950,–
VW 1200A	DM 4485,–
Italien:	
Fiat 500 F	L 515.000
Bianchina 4 Posti	L 575.000
Bianchina Cabriolet	L 679.000
Abarth 595	L 670.000
Abarth 595 SS	L 725.000
Abarth 695	L 715.000
Abarth 695 SS	L 770.000

1966

Fiat 500 F	DM 3390,–
Autobianchi Panorama	DM 3950,–
Steyr-Puch 650 T	DM 3980,–
VW 1300A	DM 4735,–
Italien:	
Fiat 500 F	L 515.000
Bianchina 4 Posti	L 554.700
Bianchina Cabrio	L 679.500
Autobianchi Panoramica	L 627.500
Abarth 695 SS	L 762.800
Giannini 590 GT Speciale	L 690.000
Moretti 595 SS Coupé	L 935.700

1967

Fiat 500 F	DM 3419,–
Autobianchi Panorama	DM 4107,–
Bianchina Cabriolet	DM 4651,–
Steyr-Puch 650 TR2	DM 5900,–
VW 1200	DM 4526,–
Italien:	
Fiat 500 F	L 515.000
Autobianchi 500 Giard.	L 619.000
Bianchina Panoramica	L 627.500
Bianchina 4 Posti	L 554.700
Bianchina Cabriolet	L 679.500
Vignale Gamine	L 600.000
Ferves Ranger	L 950.000

1970

Fiat 500 F	DM 3600,–
Fiat 500 L	DM 3850,–
Autobianchi Panorama	DM 4055,–
Steyr-Puch 500 S	DM 4000,–
Abarth 595	DM 6500,–
Erina Spider	DM 6400,–
VW 1200	DM 4695,–
Italien:	
Fiat 500 F	L 520.000
Fiat 500 L	L 575.000
Autob. 500 Giardiniera	L 630.000
Autobianchi Panoramica	L 640.000
Abarth 595	L 707.000
Abarth 595 SS	L 785.000
Abarth 695 SS	L 889.000
Abarth 695 SS Ass.Corsa	L 1.018.000

1973

Fiat 500 R	DM 4390,–
Fiat 126	DM 5100,–
VW 1200	DM 5650,–
Italien:	
Fiat 500 R	L 728.000
Fiat 126	L 879.200
Autobianchi Giardiniera	L 812.000

1975

Fiat 500 R	DM 4890,–
Fiat 126	DM 5490,–
Fiat 126 mit Faltdach	DM 5690,–
VW 1200	DM 6620,–

4. Technische Daten

Nuova 500

Motor: Typ 110.000
Reihenzweizylinder, Block und Kopf aus Leichtmetall
Bohrung x Hub 66 x 70 mm, Hubraum 479 cm³, Verdichtung 6,55 zu 1
Leistung 13,5 DIN-PS bei 4600/min, Drehmoment 2,8 mkg bei 2500/min
Hängende Ventile, seitliche Nockenwelle, Antrieb über Kette;
Kurbelwelle aus Gusseisen, zweifach gelagert
Luftkühlung über Lüfterrad
Druckumlaufschmierung
Elektrische Membran-Benzinpumpe, Vergaser Weber 24 IMB
Batterie 12 V 32 Ah, Marelli-Spulenzündung

Kraftübertragung:
Auf Hinterräder, Einscheibentrockenkupplung, Getriebe mit Differenzial verblockt
4 Vorwärtsgänge + Rückwärtsgang
Achsantrieb 8/41

Chassis und Aufbau:
Selbsttragende Stahlblechkarosserie; Limousine, 2 Türen
Vorderachse: Querblattfeder, Dreieckslenker, Teleskopstoßdämpfer
Hinterachse: Schräglenker mit Schraubenfedern
Hydraulisch auf alle vier Räder wirkende Trommelbremsen
Handbremse mechanisch auf Hinterräder wirkend
Lenkung mit Schnecke und Segment, Übersetzung 26:2, Wendekreis 8,60 m
Stahlfelgen 3,5 x 12, vier Radschrauben
Reifen 125 x 12

Maße und Gewichte:
Länge x Breite x Höhe: 2,97 x 1,32 x 1,325 m
Spur vorne/hinten: 1,121/1,135 m
Radstand: 1,84 m
Leergewicht: 470 kg
Höchstgewicht: 680 kg
Ölinhalt Motor: 1,7 l
Ölinhalt Getriebe + Differenzial: 1,11 l
Tankinhalt: 21 l
Verbrauch: 4,5 l/100 km
Bauzeit: 1957-1960

Abweichende Daten 500 Sport

Motor Typ 110.004
Bohrung x Hub 67,4 x 70 mm
Hubraum 499,5 cm³
Verdichtung 8,6 zu 1
Leistung 21,5 DIN-PS bei 4000/min
Vergaser Weber 26 IMB 2
Achsantrieb 8/39
Leergewicht: 510 kg
Höchstgewicht: 770 kg
Verbrauch: 4,8 l/100 km
Bauzeit: 1958-1960

Abweichende Daten 500 D

Motor Typ 110 D 000
Bohrung x Hub 67,4 x 70 mm
Hubraum 499,5 cm³
Verdichtung 7,1 zu 1
Leistung 17,5 DIN-PS bei 4400/min
Drehmoment 3,6 mkg bei 3500/min
Vergaser Weber 26 IMB 1
Leergewicht: 500 kg
Höchstgewicht: 820 kg
Verbrauch 4,8 l/100 km
Bauzeit: 1960-1965

Abweichende Daten 500 Giardiniera

Motor Typ 120.000
Bohrung x Hub 67,4 x 70 mm
Hubraum 499,5 cm³
Verdichtung 7,1 zu 1
Leistung 17,5 DIN-PS bei 4400/min
Drehmoment 3 mkg bei 3200/min
Vergaser Weber 26 OC
Karosserie Kombi 3 Türen, 4 Sitze
Länge x Breite x Höhe: 3,18 x 1,32 x 1,35 m
Spur vorne/hinten: 1,121 x 1,131 m
Radstand: 1,94 m
Leergewicht: 555 kg
Höchstgewicht: 875 kg
Verbrauch: 5,2 l/100 km
Bauzeit: 1960-1976

Abweichende Daten 500 F

Motor Typ 110 F 000
Bohrung x Hub: 67,4 x 70 mm
Hubraum: 499,5 cm³
Verdichtung: 7,1 zu 1
Leistung: 18 DIN-PS bei 4600/min
Drehmoment: 3,1 mkg bei 3000/min
Vergaser Weber 36 IMB 4
Reifen: 125 x 12 oder 125 SR 12
Leergewicht: 530 kg
Höchstgewicht: 830 kg
Ölinhalt Motor: 2,5 Liter
Tankinhalt: 22 l
Verbrauch: 5,6 l/100 km
Bauzeit: 1965-1972

Abweichende Daten 500 L

Motor Typ 110 L 000
Bohrung x Hub: 67,4 x 70 mm
Hubraum: 499,5 cm³
Verdichtung: 7,1 zu 1
Leistung: 18 DIN-PS bei 4600/min
Drehmoment 3,1 mkg bei 3000/min
Vergaser Weber 26 IMB 4
Reifen: 125 x 12 oder 125 SR 12
Länge x Breite x Höhe: 3,025 x 1,32 x 1,335 m
Leergewicht 530 kg
Höchstgewicht: 830 kg
Ölinhalt Motor: 2,5 l
Tankinhalt: 22 l
Verbrauch 5,6 l/100 km
Bauzeit: 1965-1972

Abweichende Daten 500 R

Motor Typ 110 R 000
Bohrung x Hub: 73,5 x 70 mm
Hubraum: 594 cm³
Verdichtung: 7,5 zu 1
Leistung: 18 DIN-PS bei 4000/min
Drehmoment: 4 mkg bei 2500/min
Vergaser Weber 26 IMB
Getriebe vollsynchronisiert
Achsantrieb 8/39
Höhe: 1,32 m
Leergewicht: 525 kg
Höchstgewicht: 845 kg
Ölinhalt Motor: 2,5 l
Tankinhalt: 23 l
Verbrauch: 5,5 l/100 km
Bauzeit: 1972-1975

Abweichende Daten Abarth 595 (595 SS)

Motor Typ 205
Bohrung x Hub: 73,5 x 70 mm
Hubraum 593,7 cm³
Verdichtung: 10 zu 1
Leistung: 27 PS bei 5000/min (30 PS bei 5000/min)
Drehmoment: 4,5 mkg bei 3500/min
Vergaser Solex C28 IB 2 (Solex 34 PBIC)
Achsantrieb: (9/41)
Reifen: (vorne 125 x 12, hinten 135 x 12)
Länge x Breite x Höhe: 2,94 x 1,32 x 1,32 m
Spur vorne/hinten: 1,12/1,13 m
Ölinhalt Motor: 4 l
Verbrauch: 5,8 l/100 km (6,0 l/100 km)
Bauzeit: 1957-1960 (1958-1960)

Abweichende Daten Abarth 695 (695 SS)

Motor Typ 206
Bohrung x Hub: 76 x 76 mm
Hubraum: 689,5 cm³
Verdichtung: 8,5 zu 1 (10 zu 1)
Leistung: 30 PS bei 4900/min (38 PS bei 5350/min)
Drehmoment: 5,5 mkg bei 3500/min (N/A)
Vergaser Solex 34 PBIC
Achsantrieb: 8/39 (9/39)
Wendekreis: (9,10 m)
Länge x Breite x Höhe: 2,94 x 1,32 (1,36) x 1,32 m
Spur vorne/hinten: 1,16/1,17 m
Leergewicht: (480 kg)
Ölinhalt: 4 l
Verbrauch: 6,5 l/100 km
Bauzeit: 1960-1965 (1960-1967)

Abweichende Daten Steyr-Puch 500 D

Motor: Zweizylinder-Boxer
Bohrung x Hub: 70 x 64 mm
Hubraum: 493 cm³
Verdichtung: 6,8 zu 1
Leistung: 16 DIN-PS bei 4600/min
Drehmoment: 3,3 mkg bei 3000/min
Kurbelwelle: dreifach gelagert
Vergaser: Weber 28 IBMS-Fallstromvergaser
Getriebe: Gänge 2, 3 und 4 synchronisiert
Achsantrieb: 7/36
Länge x Breite x Höhe: 2,97 x 1,32 x 1,33 m
Spur vorne/hinten: 1,12/1,13 m
Leergewicht: 490 kg
Höchstgewicht: 780 kg
Ölinhalt Motor: 1,75 l
Tankinhalt: 24 l
Verbrauch: 4,5 l/100 km

Abweichende Daten Steyr-Puch 650 T (650 TR)

Motor: Zweizylinder-Boxer
Bohrung x Hub: 80 x 64 mm (81 x 64 mm)
Hubraum: 643 cm³ (660 cm³)
Verdichtung: 7,2 zu 1 (8,8 zu 1)
Leistung: 19,8 DIN-PS bei 4800/min (30 DIN-PS bei 5500/min)
Drehmoment: 4,1 mkg bei 2800/min (4,6 mkg bei 3500/min)
Kurbelwelle: dreifach gelagert
Vergaser: Weber 32 ICS-Fallstromvergaser (Zenith 32 NDIX-Fallstromvergaser)
Achsantrieb: 7/36 (8/39)
Getriebe: Gänge 2, 3 und 4 synchronisiert
Reifen: (135 x 12)
Länge x Breite x Höhe: 2,97 x 1,32 x 1,37 m (2,96 x 1,32 x 1,37 m)
Spur vorne/hinten: 1,12/1,13 m
Leergewicht: 500 kg (510 kg)
Höchstgewicht: 780 kg (800 kg)
Ölinhalt Motor: 1,75 l
Tankinhalt: 24 l
Verbrauch: 5,5 l/100 km (7,0 l/100 km)

Abweichende Daten Steyr-Puch Giardiniera 700 C

Motor: Zweizylinder-Boxer
Bohrung x Hub: 80 x 64 mm
Verdichtung: 7 zu 1
Leistung: 25 DIN-PS bei 4800/min
Drehmoment: 4,2 mkg bei 3000/min
Kurbelwelle: dreifach gelagert
Vergaser: Weber 32 ICS 1-Fallstromvergaser oder Solex 40 PID
Getriebe: vollsynchronisiert
Achsantrieb: 8/39
Karosserie: Kombi 3 Türen, 4 Sitze
Wendekreis: 9,30 m
Reifen: 135 x 12
Länge x Breite x Höhe: 3,18 x 1,36 x 1,41 m
Spur vorne/hinten: 1,12 x 1,13 m
Radstand: 1,94 m
Leergewicht: 560 kg
Höchstgewicht: 900 kg
Ölinhalt Motor: 1,75 l
Tankinhalt: 24 l
Verbrauch: 7 l/100 km

5. Ausgewählte Prospekte

1. Fiat 500 Der Neue	20 Seiten	Nr. 1370	1957	DIN A 5
2. Fiat 500 Standard	8 Seiten	F5594	1959	s/w
3. Fiat 500 Luxus	6 Seiten	F5595A	1959	
4. Fiat 500 Familiare (Kombi)	10 Seiten	Nr. 1633	1960	
5. Fiat 500 Kombi	8 Seiten	Nr. 1634	ca. 61	
6. Fiat 500 D Datenblatt	1 Seite	Nr. 1675	ca. 62	
7. Fiat 500 Luxus	8 Seiten	F56211	11.62	Faltprospekt
8. Fiat 500 D + Kombi	8 Seiten	Nr. 1822	ca. 63	
9. Fiat 500 Kombi	6 Seiten	Nr. 2250	ca. 65	
10. Fiat 500 F Luxus	4 Seiten	F56510	10.65	
10a. Fiat 500	4 Seiten	Nr. 2249	ca. 65	wie Nr. 10
11. Fiat 500 F Luxus	8 Seiten	o.N.	12.65	Faltprospekt
12. Fiat 500 F	8 Seiten	F5662	2.66	
13. Fiat 500 F Luxus	8 Seiten	F5662A	2.66	
14. Fiat 500 F	8 Seiten	F5/40.69	6.69	auch 12.70
15. Mit dem 500 fängt man an	4 Seiten	Nr. 2733	ca. 68	
16. Fiat 500 L	8 Seiten	Nr. 2734	ca. 68	
17. Fiat 500 L	6 Seiten	oN	ca. 70	Falter, klein
18. Fiat 500 + L	8 Seiten	oN	1.71	
19. Fiat 500 F	8 Seiten	o.N.	6.72	Großformat
20. Fiat 500 R	8 Seiten	o.N.	5.73	
21. NSU-Fiat 500 Weinsberg	8 Seiten	NW5592A	ca. 62	
22. Sondermodelle inkl. Bianchina	8 Seiten	o.N.	1961	Faltpr., s/w
23. Steyr-Puch 700 C und E	8 Seiten	222/28/2850	12.61	
24. Steyr-Puch 650T/500D	4 Seiten	GH28.634	3.63	Faltprospekt
25. Steyr-Puch 500D/650T	8 Seiten	VI/7.63/N/H	7.63	
26. Steyr-Puch Modelle ´67	2 Seiten		1967	
27. Steyr-Puch 500D/650T/TR/700C	8 Seiten	371/28/4615	11.65	
28. Steyr-Puch 500/650/700.	12 Seiten	Ne28-6064	ca. 66	
29. 500 R	8 Seiten	8.74/III/71	1974	

6. Zeittafel

1957	Sommer	Einführung des 500 mit spartanischer Ausstattung und 13 PS.
	Herbst	Einführung des 500 Normale mit besserer Ausstattung: Chromblenden um die Scheinwerfer, Kurbelfenster, Lenkradschalter für Licht und Blinker, seitliche Zierleisten, Radkappen, Sitzbank hinten gepolstert und Motor mit 15 PS („Normale", in Deutschland „Luxus"). Zugleich erhält die Sparversion („Economica", „Standard") ebenfalls den stärkeren Motor.
1958	Sommer	Vorstellung des 500 Sport mit Stahldach
1959	Januar	Alle Modelle erhalten statt des großen Rolldaches ein kleines Klappdach. Zweite Serie des Sport ebenfalls mit kleinem Rolldach.
1960	Mai	Einführung der 500 Giardiniera mit längerem Radstand (+10 cm) und Unterflur-Flachmotor im Heck.
	Sommer	Einstellung des 500 Sport
	Herbst	Einführung des 500 D mit gedrosseltem Motor des Sport (17,5 PS) sowie geänderter Tankform und abklappbarer Fondsitzlehne hinten.
1965	März	Einführung des 500 F mit stärkerem Motor (18 PS), Änderungen an Kupplung, Differenzial und Antriebswellen sowie vorne angeschlagene Türen, vergrößerte Frontscheibe und Detailänderungen an der Ausstattung.
1968	September	Einführung des 500 L mit Stoßstangenbügeln, Chromradkappen, Chromleisten an Regenrinne und Heckscheibe, Federkern-Vordersitzen, gepolstertem Armaturenbrett und Instrumenteneinheit aus dem 850. Produktion und Vermarktung der Giardiniera gehen an Autobianchi über.
1972	November	Zeitgleiche Vorstellung des Fiat 126 und des 500 R. Letzterer mit dem 600-cm^3-Motor des 126, auf 18 PS gedrosselt, und vereinfachter Ausstattung.
1975		Produktion des 500 R wird eingestellt
1976		Produktion der Autobianchi Giardiniera wird eingestellt

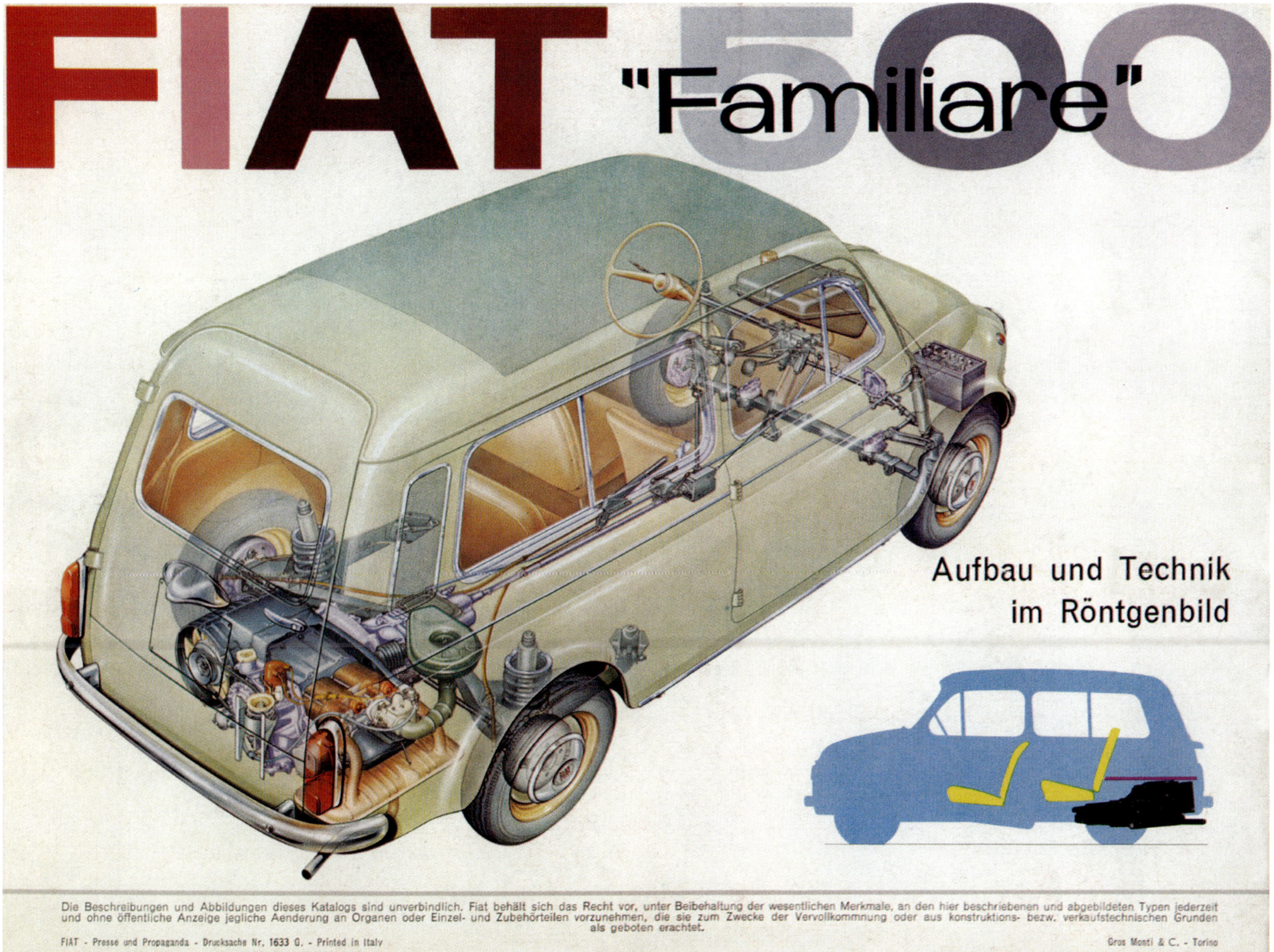
FIAT 500
"Familiare"
Aufbau und Technik
im Röntgenbild
Die Beschreibungen und Abbildungen dieses Katalogs sind unverbindlich. Fiat behält sich das Recht vor, unter Beibehaltung der wesentlichen Merkmale, an den hier beschriebenen und abgebildeten Typen jederzeit und ohne öffentliche Anzeige jegliche Aenderung an Organen oder Einzel- und Zubehörteilen vorzunehmen, die sie zum Zwecke der Vervollkommnung oder aus konstruktions- bezw. verkaufstechnischen Grunden als geboten erachtet.
FIAT - Presse und Propaganda - Drucksache Nr. 1633 G. - Printed in Italy
Gros Monti & C. - Torino

Danksagung

Ein großes Dankeschön für ihre Unterstützung geht an Marie-Claude Gautrin, Astrid Sabbale und Vincent Bernard von der Presseabteilung Fiat Frankreich. Auch Jean-Marc Audra bin ich für seine Erlebnisse bei der Rallye Paris-Nordkap dankbar. Ferner möchte ich mich bei Herrn Ardoin für seine hilfreiche Einführung bei der Presseabteilung von Fiat Italien bedanken.
Dominique Pascal war uns durch sein umfassendes Auto-Fachwissen ebenfalls eine unersetzliche Hilfe.

Die Fotos dieses Buches stammen aus dem Archiv von Fiat Frankreich und aus den Sammlungen von René Bellu, Marie-Claire Lauvray, Basil Le Fay und Dominique Pascal.

Danksagung des Übersetzers

Der Übersetzer dankt Herrn Wolfgang Zimmermann für die unersetzliche Hilfe bei der Kompilation der Prospekte und Frau Susan M. Hanske, B.A., vom Kraftfahrtbundesamt, die nach Kräften half, die Zulassungszahlen zu eruieren. – DMR, im Juni 2001.

Für Reiner, Kirsten, Friederike, Gina, Anton – und Marina.